拼布友約

# Shinnieの貼布縫童話日常

30件暖心&可愛的人氣特選手作

## 回歸生活中最初的美好與想像

布製品的多樣，

是你我生活日常不可或缺的元素，

你，對於你的生活日常，

想注入多少的布元素呢？

這本書，

shinnie注入了一些生活日常的應用作品，

以煮婦的角度，

想想，

我們會和哪些布物產生美麗的共鳴呢？

美麗的居家環境，是煮婦們的夢想，

為了讓美味提升，美麗的餐桌墊不可或缺；

隔熱手套，是煮婦們天天必備的小物作；

就算是煮婦，也要妝點自己，

穿上美美的圍裙，就能烹調出美味的食物；

一杯溫暖的咖啡，

是煮婦們維繫好心情的原動力；

要有好的氛圍，

棉質杯套的觸感，可愛的娃娃圖，

就可營造煮婦們，一整天的好心情；

壁飾，抱枕是妝點居家的加分物。

就算不實用，

也堅持要幫小掃帚穿上布衣，

幫涼扇加個布套，

無限的想像，任意的手作，

就是煮婦們的特權，

你們說，對吧？

感謝雅書堂，

提供優質團隊與shinnie再度攜手合作，

團隊的用心，相信讀者在閱讀的同時，

都可以滿滿感受到，

在此，希望這本書，

一樣能提供給大家滿滿的手作力。

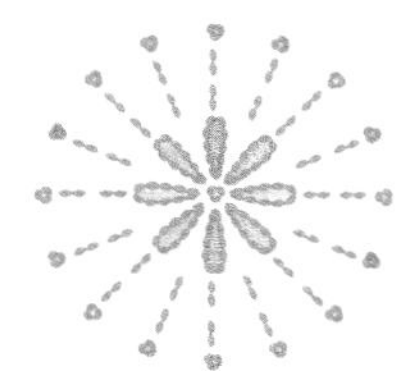

## *Shinnie*

網路作家

拼布職人

著作：

2009年<<Shinnie的布童話>>（首翊出版）

2011年<<Shinnie的手作兔樂園>>（首翊出版）

2013年<<Shinnie的精靈異想世界>>（首翊出版）

2016年<<Shinnie的Love手作生活布調：27款可愛感滿點的貼布縫小物collection>>（雅書堂文化出版）

2017年<<拼布友約！Shinnieの貼布縫童話日常：30件暖心＆可愛的人氣特選手作>>（雅書堂文化出版）

經營：

Shinnie's Quilt House：台北市永康街23巷14號1樓

部落格：http://blog.xuite.net/shinnieshouse/twblog

粉絲頁：https://www.facebook.com/ShinniesQuiltHouse

購物網：http://www.shinniequilt.com/

Contents

Story Chapter. 1

# Chapter. 1

# Story

我喜歡，
以圖說故事。

每一個作品都是朋友，
陪伴著我的生活點滴，

在溫馨的手作日常裡，
訴說著最動聽的童話。

# 童話

××××××××××

我心中的童話日常：
有幢可愛的彩色房子，
一棵大大的蘋果樹，
天空是幸福的橙色，
有種怡然自得的美好。

袋底設計

◆ 童話世界小提包 ◆

How to make P.74至P.75 ／ 紙型B面

# 溫柔的獅子

××××××××××

有時候，只需要靜靜地陪伴，
不多說，是最有默契的溫柔。

◆ 獅子座女孩個性隨身包 ◆

How to make P.76至P.77 ／ 紙型A、B面

Chapter.1
Story

the Heritage

# 購物少女的收集

××××××××××

買東西，
是一種快樂的收集，
我的喜歡，沒有額度！

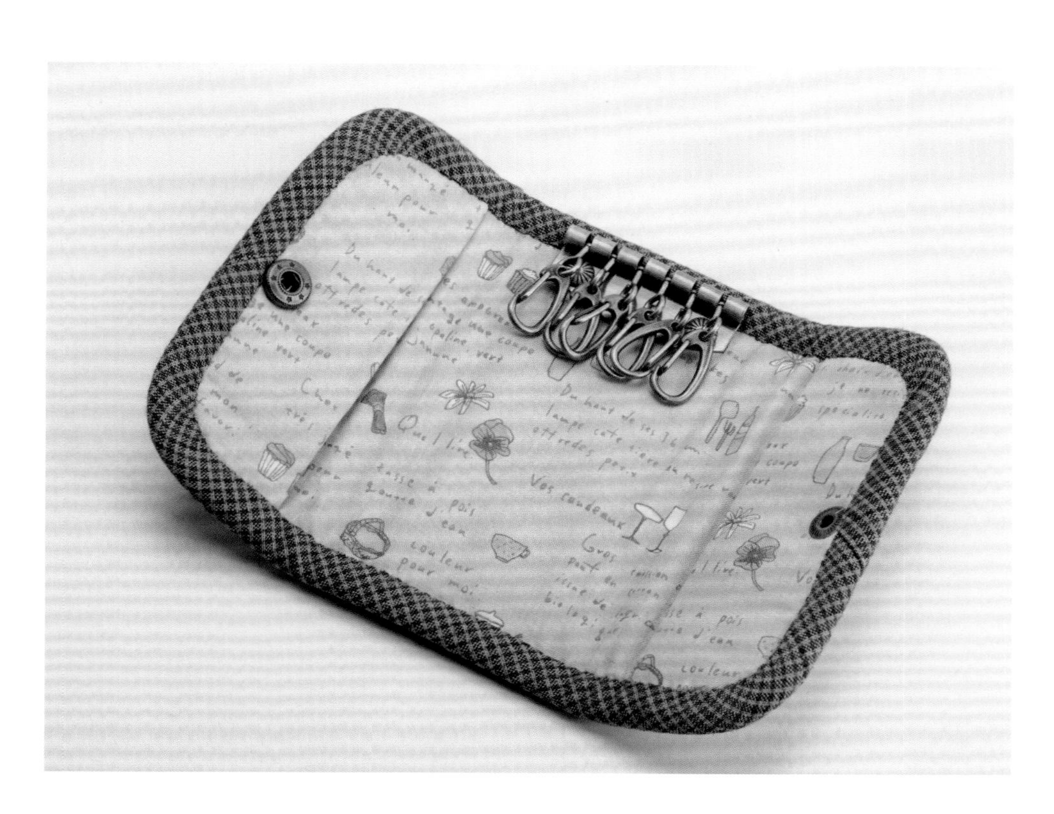

◆ 購物女孩鑰匙包 ◆

How to make P.78至P.79 ／ 紙型B面

# 花的魔法

××××××××××××

花是有魔法的，
它讓每一個收到的人，
都能擁有最美的笑容。

◆ 花仙子名片夾套 ◆

How to make P.80至P.81 ／ 紙型B面

# 禮物

××××××××××

親手作的禮物，
蘊藏著最棒的心意，
只有你懂。

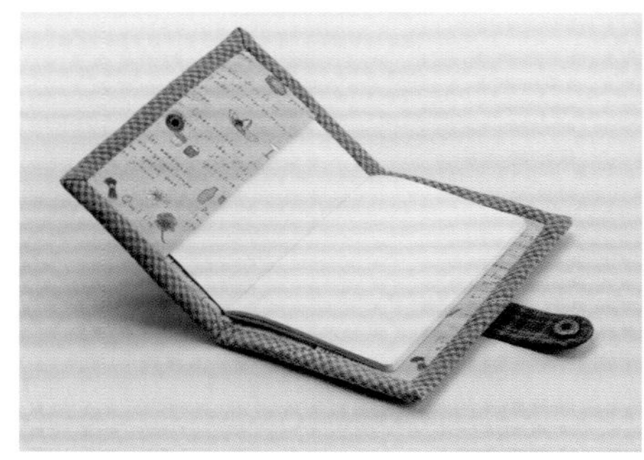

◆ 愛的禮物小冊套 ◆

How to make P.82至P.83 ／ 紙型B面

# Fly

××××××××××

自信的展開翅膀，
帶著夢想去飛翔吧！
你一定可以開拓，
屬於你的彩色天空。

◆ 淘氣天使側背包 ◆

How to make P.84至P.85／紙型B面

FRANCE
GEOGRAPHIE

# 少女心法則

× × × × × × × × × × ×

以自信的微笑，
面對每一天的挑戰，
少女心
是不敗的青春祕密。

◆ 戴柚帽娃娃鑰匙零錢包 ◆

How to make P.90至P.91 ／ 紙型D面

# My Way

××××××××××

旅行，
是找自己的最好方法，
向著未來，繼續前進。

◆ 旅行中的男孩零錢包 ◆

How to make P.86至P.87 ／ 紙型D面

# 魔幻季節

××××××××××××

偶爾，
讓心也隨著時節換季，
會發現更不一樣的自己。

◆ 冬の女孩雙拉鍊零錢包 ◆

How to make P.88至P.89 ／ 紙型D面

# 甜甜生活

××××××××××××

為生活加點甜甜的味道，
讓身邊的人也能感受到，
是一種專屬手作的美好。

◆ 甜點小廚娘肩背包 ◆

How to make P.92至P.93 ／ 紙型C面

# 化妝舞會

××××××××××

戴上可愛的面具，
今天你想成為誰？
Let's go party all night！
化妝舞會開始囉！

◆ 萬聖節娃娃口金包 ◆

How to make P.94至P.97 ／ 紙型B面

# 守護天使

××××××××××

每個人心中
都有一個守護天使，
它會為我們帶來
源源不絕的陽光。

◆ 南瓜天使口金小提包 ◆

How to make P.98至P.99 ／ 紙型B面

## 童話裡的精靈

××××××××××

童話裡的南瓜住著精靈，
每每打開一個，
我的生命就有新的驚喜，
每個開始都好讓人期待。

◆ 南瓜精靈側背包 ◆

How to make P.100至P.101 ／ 紙型B面

## 好奇心

××××××××××××

擁有赤子之心，
保有對世界的好奇，
就能讓人永遠年輕。

◆ 不給糖就搗蛋小壁飾 ◆

How to make P.73 ／ 紙型D面

## Daydreamer

××××××××××××

坐下來，休息一下下。
適時為自己留點空間，
作個白日夢，也很好。

◆ 賀歲娃娃平板電腦包 ◆

How to make P.102至P.103 ／ 紙型C面

# 美夢成真

×××××××××××

對著星空許願吧！
心中的想望，
都會被月光祝福。

◆ 聖誕襪小天使三角口金零錢包 ◆

How to make 請參考P.69至P.72 ／ 紙型C面

## 17 擁抱愛的娃娃

××××××××××

伸出雙手擁抱愛的人，
同時也會被愛擁抱著，
我願意給你一個愛的擁抱，
那你呢？

◆ 擁抱愛的娃娃三角口金萬用袋 ◆

How to make 請參考P.69至P.72 ／ 紙型C面

# 幸福旋律

××××××××××

小雪人在唱歌，
與冬天說再見，
春天又是新的篇章。

◆ 冬的樂章側背包 ◆

How to make P.104至P.105／紙型C面

THE GODFATHER DOCTRINE
Hulsman | Mitchell
Pride and Prejudice
JANE AUSTEN

# 我們的城堡

××××××××××

公主與她的熊寶貝，
住在可愛的小小城堡，
收集喜歡的手作，
自由自在的幸福。

◆ 公主與熊寶貝直立式筆袋 ◆

How to make P.106至P.107 ／ 紙型C面

## 來自星星的祝福

××××××××××

今夜星光燦爛，
對著夜空，
祝福在遠方的好朋友吧！
我們的心都是在一起的。

◆ 來自星星的祝福束口袋 ◆

How to make P.108至P.109 ／ 紙型C面

# 美好的溫度

××××××××××

親手作的物品，
是有溫度的，
想與你一起分享，
餐桌上的每一刻美好。

◆ 幸福烘焙娃娃隔熱套 ◆

How to make P.110至P.111 ／ 紙型C面

# 塗鴨人生

××××××××××

Let`s do it！

盡情揮灑喜歡的色彩，

你的人生畫布無限大！

◆ 塗鴨娃娃隔熱杯套 ◆

How to make P.112至P.113 ／ 紙型D面

# 祝你快樂

×××××××××××

讀一本好書，
喝一杯好茶，
快樂是可以自己找的，
祝你快樂，祝我快樂。

◆ 耶誕節的心願娃娃抱枕套 ◆

How to make P.114至P.115 ／ 紙型D面

# 奇蹟的夏

××××××××××

享受夏天的熱情太陽，
奇蹟總在有光的地方。

◆ 南瓜舞花女孩涼扇套 ◆

How to make P.116 ／ 紙型D面

# 新居

××××××××××××

打掃心裡的小房間吧！
你會發現自己，
擁有的容量原來這麼大。

◆ 南瓜魔女小掃帚套 ◆

How to make P.117／紙型C面

## 雪屋女孩

××××××××××

雪屋裡的女孩，
擁有最溫暖的笑容，
等待著遇見一個人，
讓她發自內心地微笑。

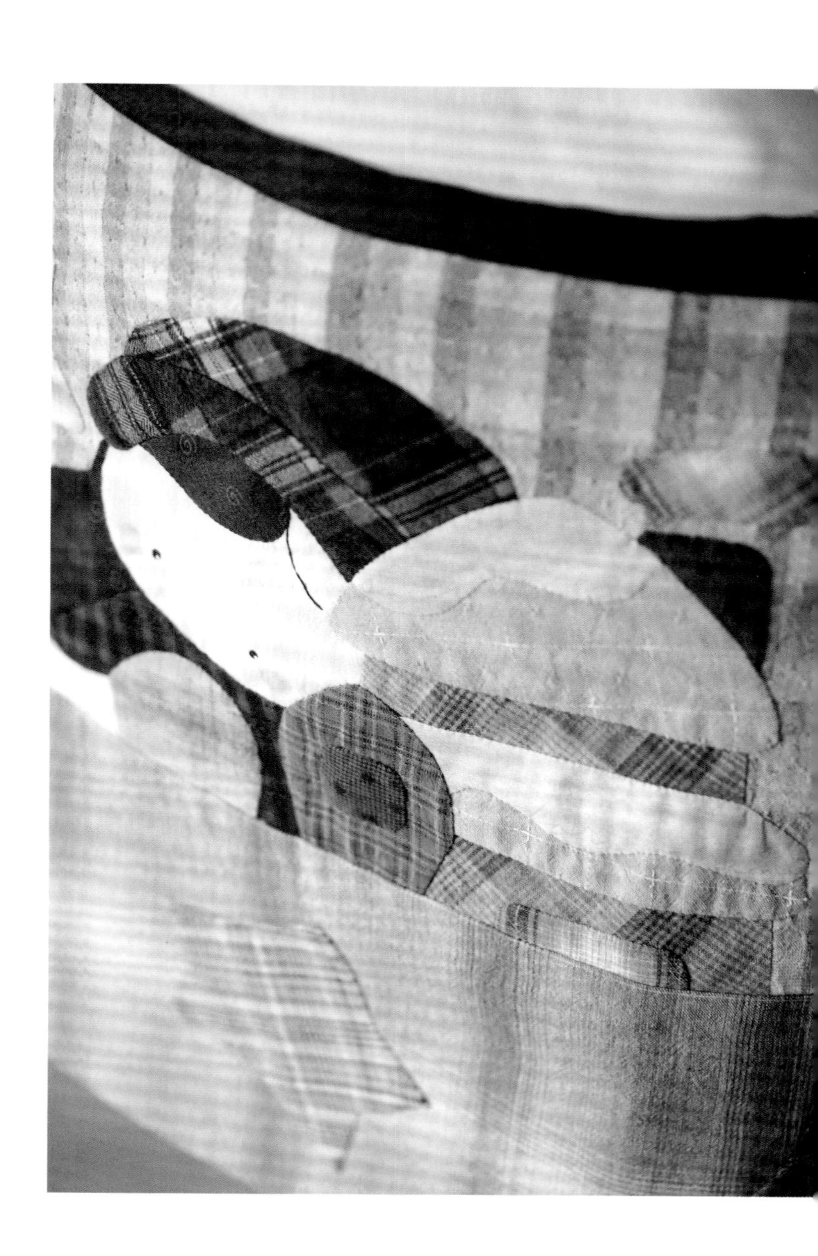

◆ 雪屋女孩圍裙 ◆

How to make P.118至P.119／紙型D面

WHAT YOU EAT
ONE

# 美味的想念

食物是能與記憶連結的，
當我想起你，
就想念巷口的那家早午餐，
有空一起去吃吧！

◆ 美味關係餐墊組 ◆

How to make P.120 ／ 紙型D面

# 頭號甜心

喜歡吃甜點的女孩，
天天都是笑口常開，
讓心保持甜甜的，
融化身邊的人吧！

◆ 美味甜點壁飾 ◆

How to make P.121至P.122／紙型A、B面

記得，十多年前第一次接觸到拼布友誼活動的圈子，
至今，我仍持續維繫著拼布愛好者的團作緣分。

相約拼布是個媒介，讓世界各地不同的手作愛好者，
都能一同參與、成長與分享。
謝謝大家願意跟隨著Shinnie天馬行空的腳步前行，
經由十多年的累積，相信大家的成果非凡。

現在，就請大家跟著我，一同回顧往日相約活動的精彩內容吧！
希望能喚起你我的點點回憶，在這不算短的時間旅程中，
你參與其中了嗎？

相約主題

## 娃娃的動物世界

手作人，工具包不可少，基於愛護工具之心，所以幫常用小物都作了個家，像是蝴蝶剪刀套、長頸鹿尺套、舞蝶花針包等，以可愛動物為題，設計了整組實用滿分的作品。

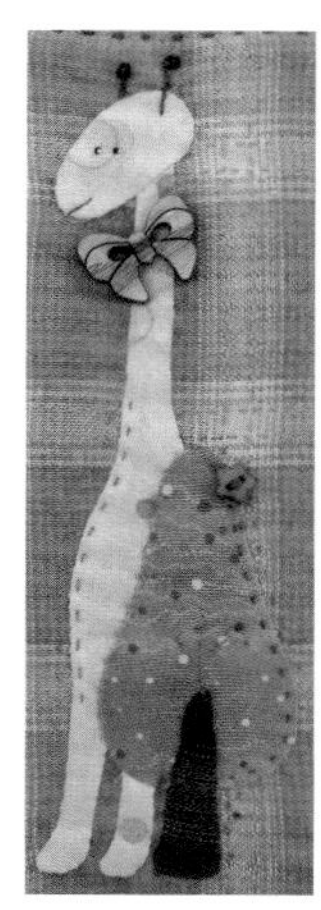

相約主題

## 可愛的辮子小女孩

讓人很好奇的是，女孩的包包中，都裝些什麼小物呢？以此為題，設計了一系列的女孩包，鑰匙包、零錢包、環保餐具包、手機袋，想得到的，都幫你準備好了！

相約主題

## 瓢蟲精靈的夢想之旅

跟著瓢蟲精靈一同展開一場華麗的冒險吧！今年再度設計了一組工具包系列作品，這次頗具巧思的是將工具包的各個小物袋，都安置了一個屬於他們的家。

相約主題

## 可愛娃娃＆甜蜜糕點壁飾

（此作品收錄於本書）

甜點是女孩們的最愛，藉由女孩們所愛的甜蜜糕點，發揮烘焙想像空間，而設計出今年的相約主題。

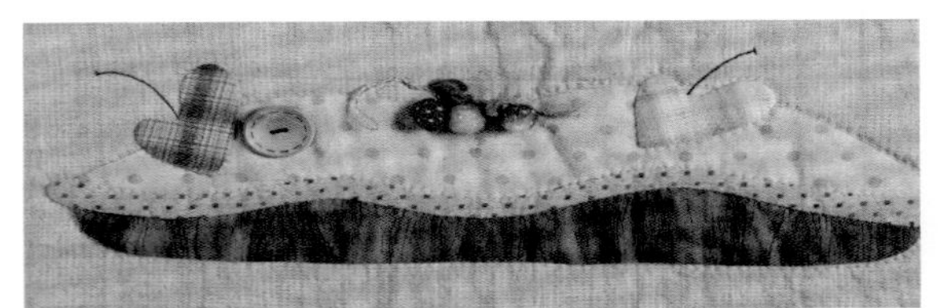

相約主題

## 美麗的拼布夾包

今年特別流行夾包類作品，幻想自己可以天天換著不同的夾包出門，所以作了長夾、短夾、記事本夾、鑰匙包夾套等，為日常注入更多可愛的元素。

相約主題

## 我和我的麻吉朋友

相信每個朋友心中都有祕密好友，
懂得靜靜地分享我們的喜怒哀樂，
開心時，牽起她的小手，手舞足蹈一番，
悲傷時，抱著她，她會給予適時的安慰，
說祕密時，她會靜靜的聆聽，
睡不著時，她會乖乖的陪著你失眠到天亮。

相約主題

## 我與寵物的貼身日記

我的娃娃一向不寂寞，永遠都有可愛的寵物常伴左右。

相約主題

## 女孩與喜羊羊日記

這一年是可愛的羊咩咩年，特以喜羊羊為題，設計了應景的相約作品。

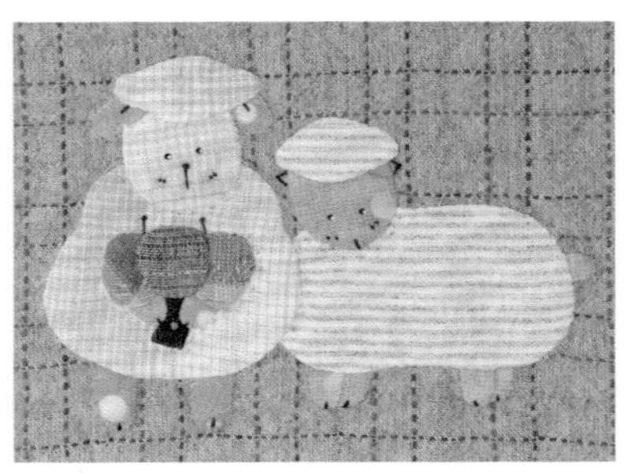

相約主題

## 關於一個小女孩的夢

夢一：願化身為傳遞幸福的天使
夢二：等待屬於我的王子
夢三：祕密基地的樹屋
我的夢會一直一直寫下去......

相約主題

## 童話世界冒險之旅（現正進行式）

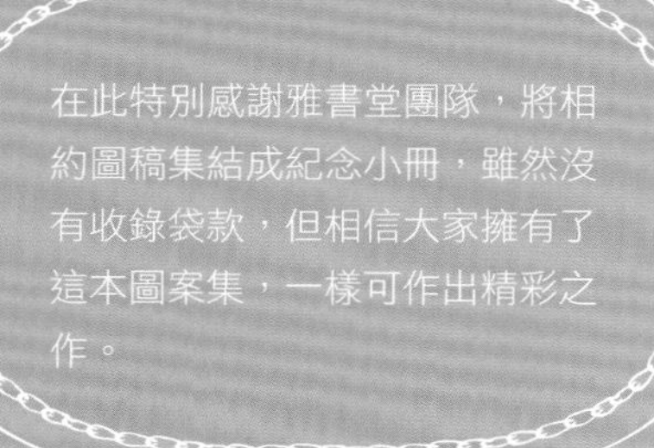

在此特別感謝雅書堂團隊，將相約圖稿集結成紀念小冊，雖然沒有收錄袋款，但相信大家擁有了這本圖案集，一樣可作出精彩之作。

# Chapter. 2
## How to make
# 基 本 技 法

## ◆基本縫法

- 作法中用到的數字單位為cm。
- 拼布作品的尺寸會因為布料種類、壓線的多寡、鋪棉厚度及縫製者的手感而略有不同。
- 拼接布片的縫份為0.7cm（有些作品為1cm）、貼布縫布片則另加0.3至0.4cm左右的縫份。

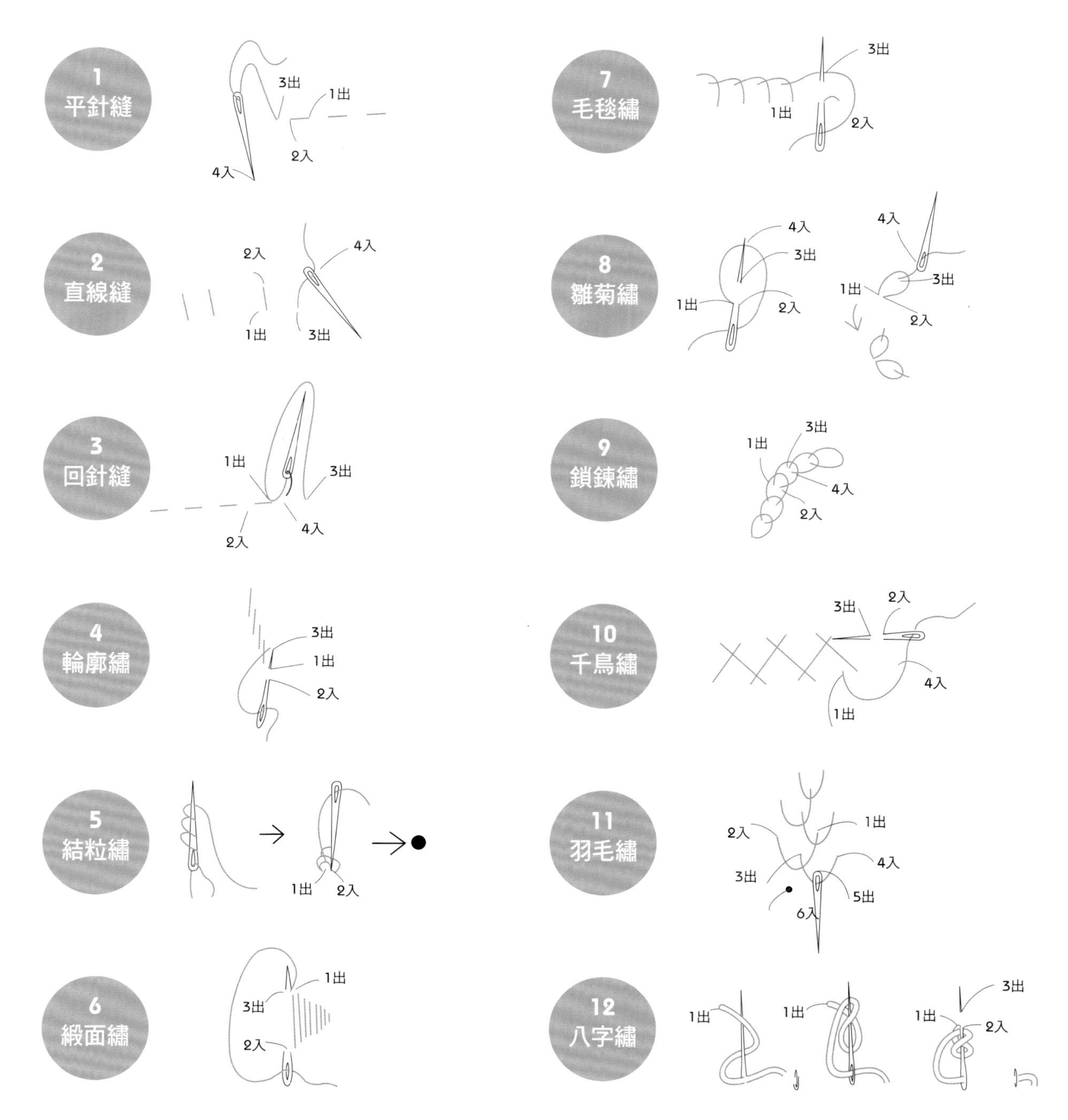

## ◆常用工具&材料

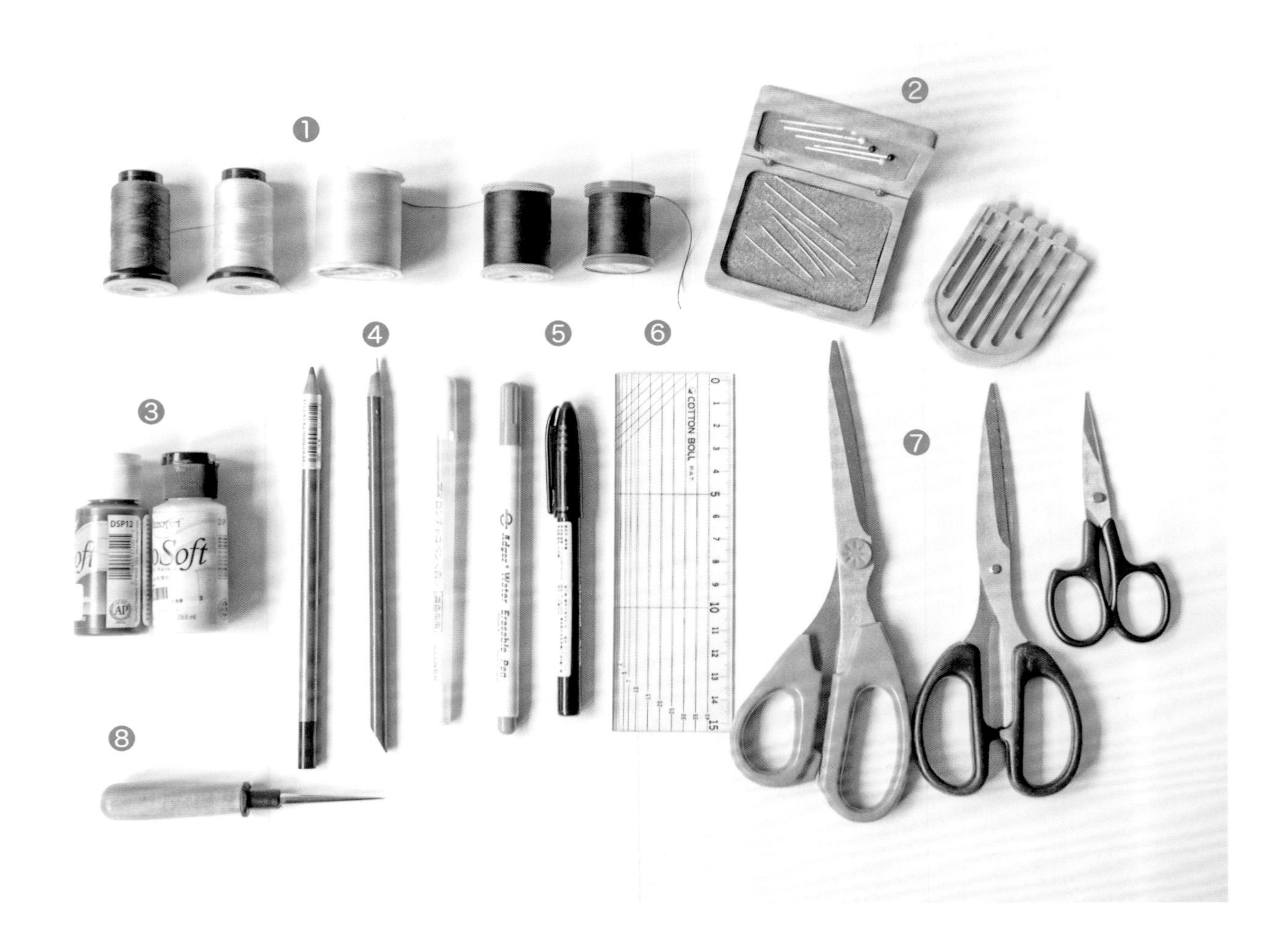


❶ 各式縫線
❷ 珠針・手縫針
❸ 壓克力顏料
❹ 各式水消筆
❺ 奇異筆
❻ 裁尺
❼ 各式剪刀（裁布用・剪線用）
❽ 錐子

常用先染布&配色布

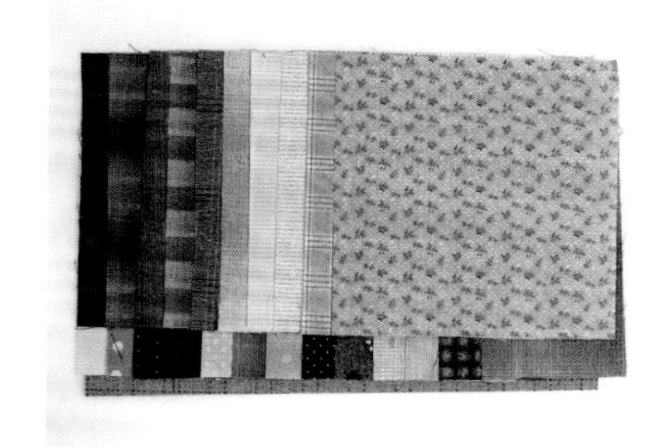

娃娃頭髮用毛線

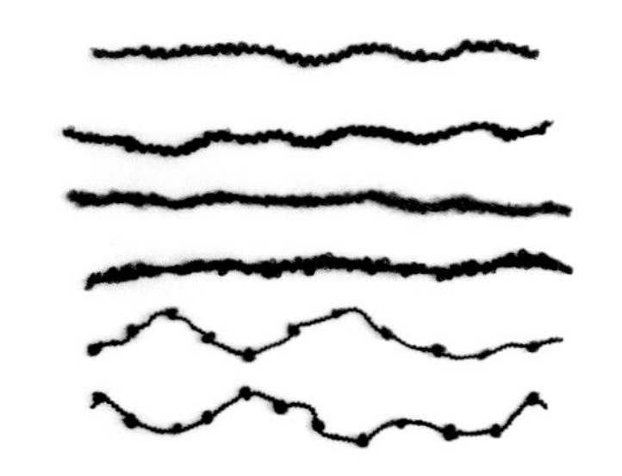

各式口金

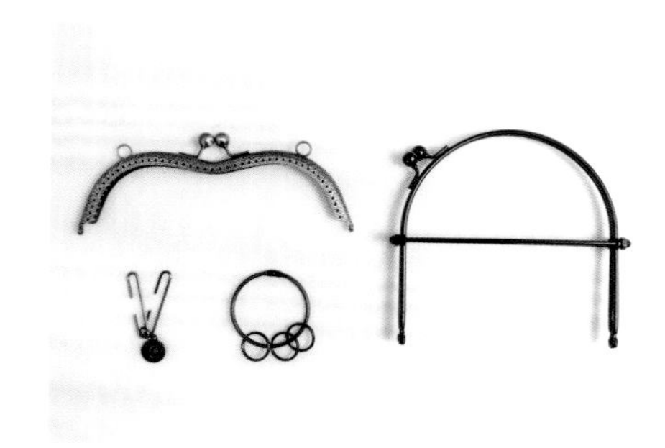

造型釦

造型配件

造型布標

蕾絲

緞帶

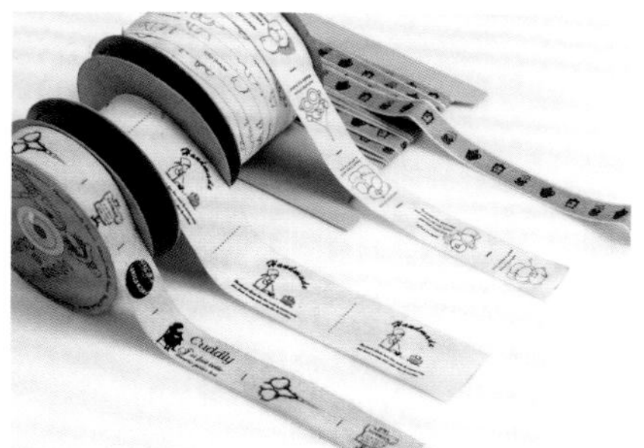

拉鍊

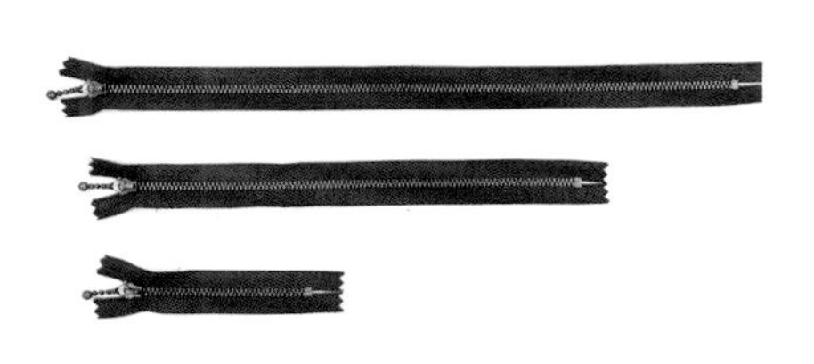

## ◆貼布縫

01 將娃娃圖形描繪在塑膠片上，並沿圖形外框剪下。

02 以水消筆將圖形外框畫在布上。

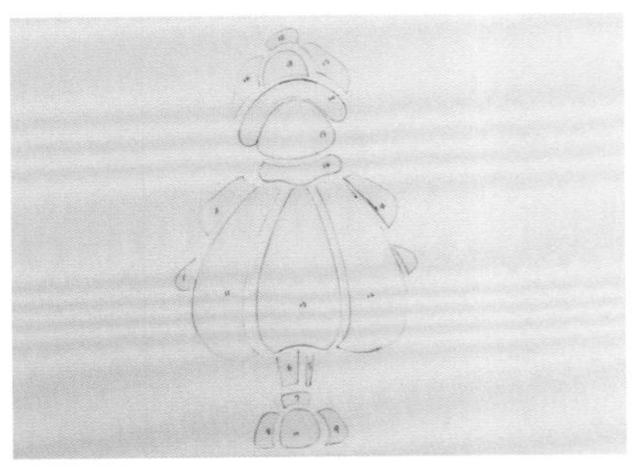

03 將娃娃圖形塑膠片一一剪開。

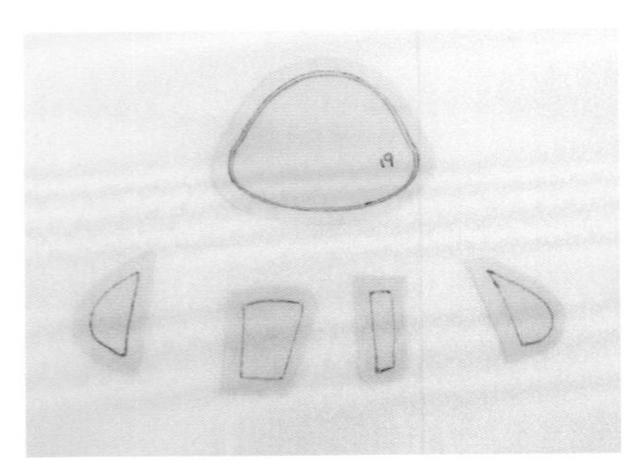

04 以水消筆將版型一一描繪在各色貼布布片上，縫份0.3cm。

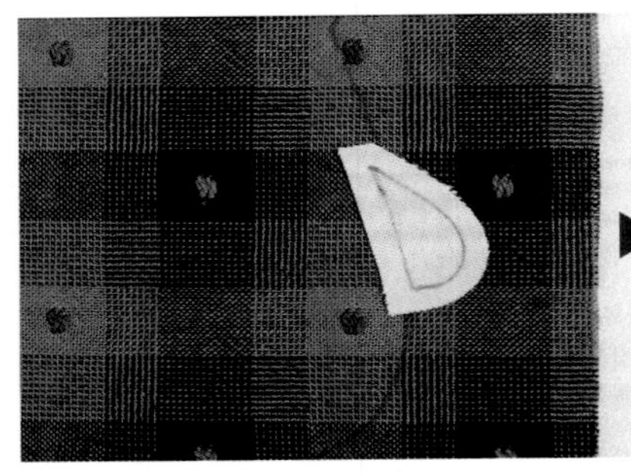

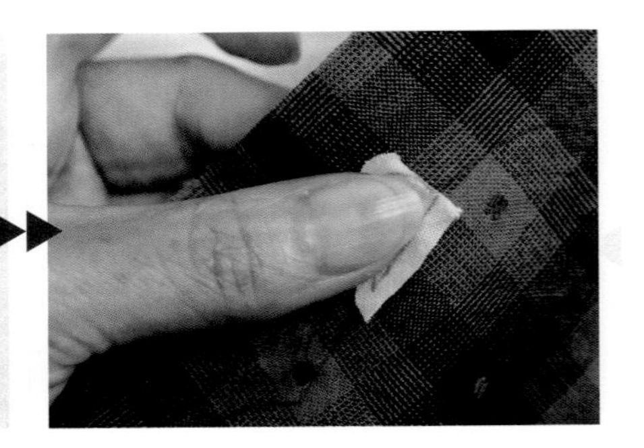

05 依貼布縫順序，縫份內摺開始進行圖案貼布縫。

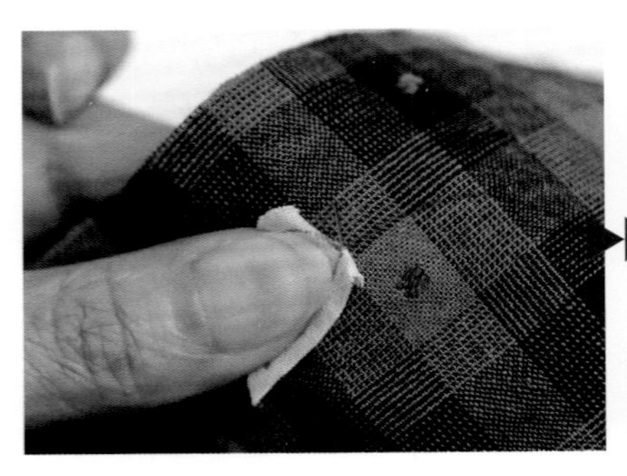

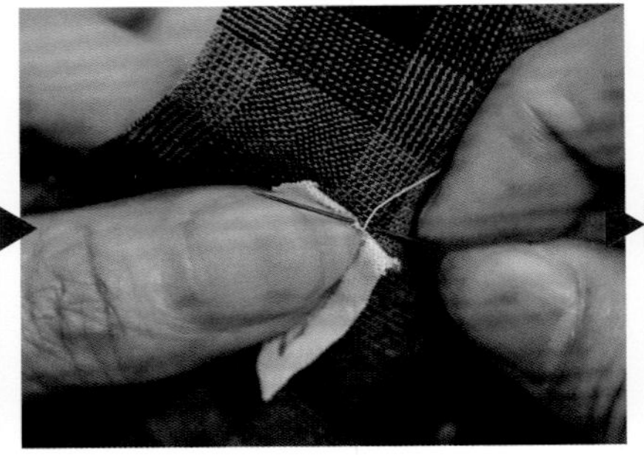

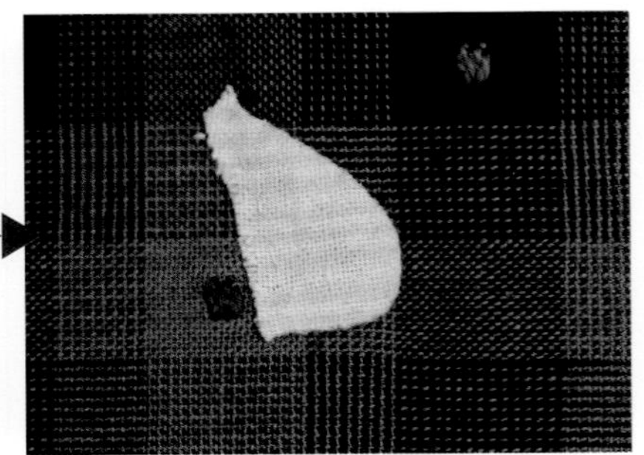

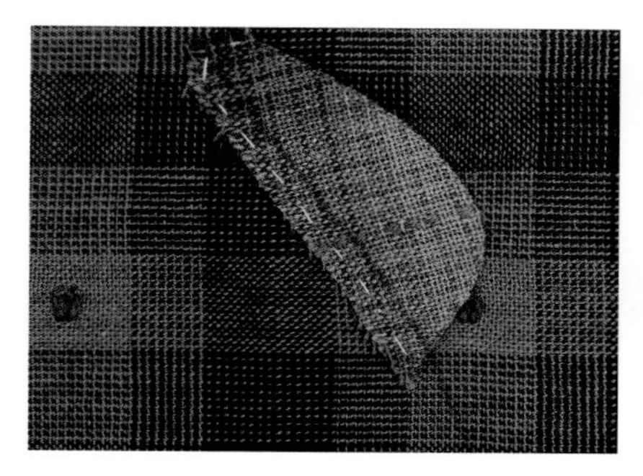

06 縫份不需內摺貼縫的地方，均需以平針縫固定。

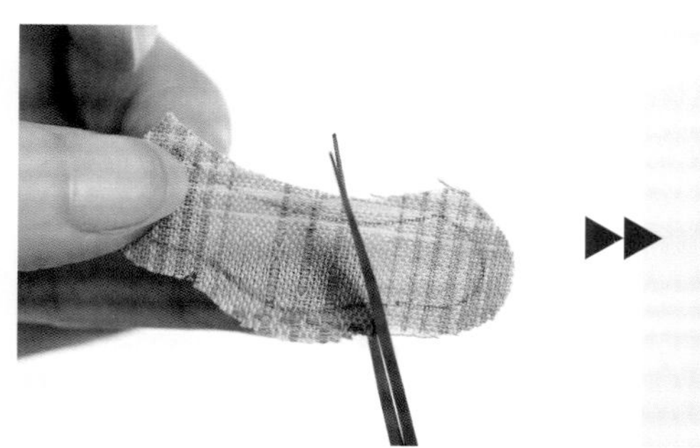

07 弧度處需剪牙口。

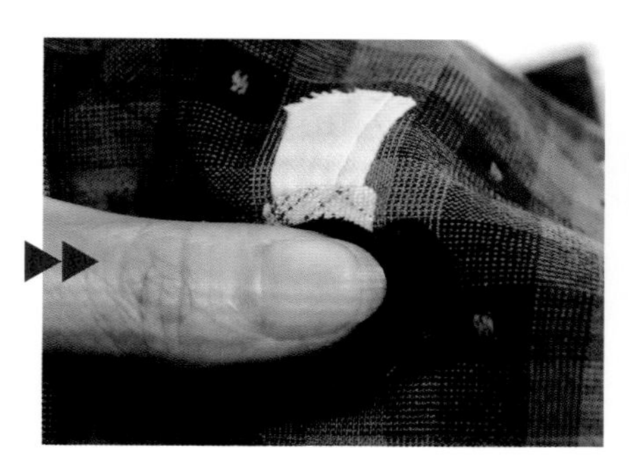

08 陸續依貼布縫順序，完成表布圖案。

09 完成貼布縫。

## ◆娃娃點睛&腮紅上色

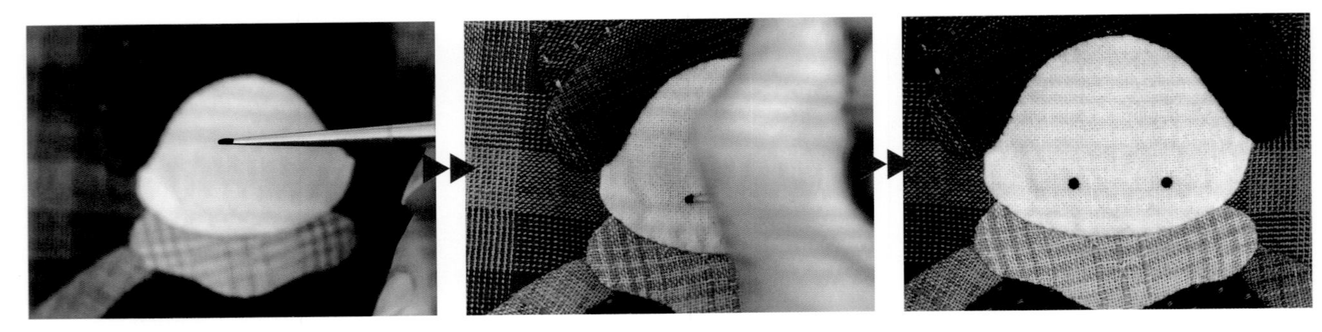

01 以錐子沾上黑色壓克力顏料，點上黑眼球。

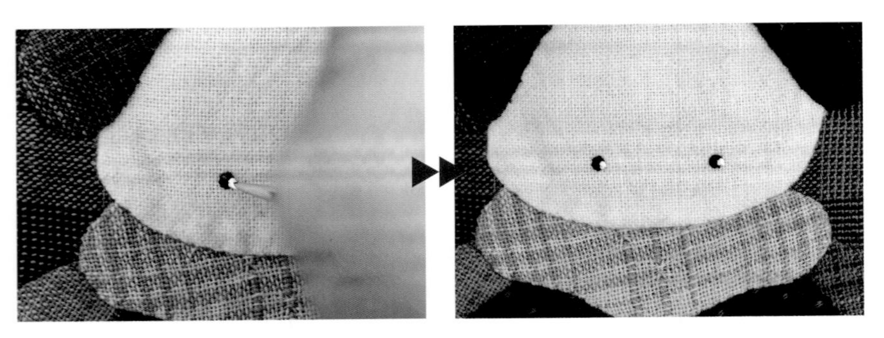

02 取白色壓克力顏料，點上白眼球。

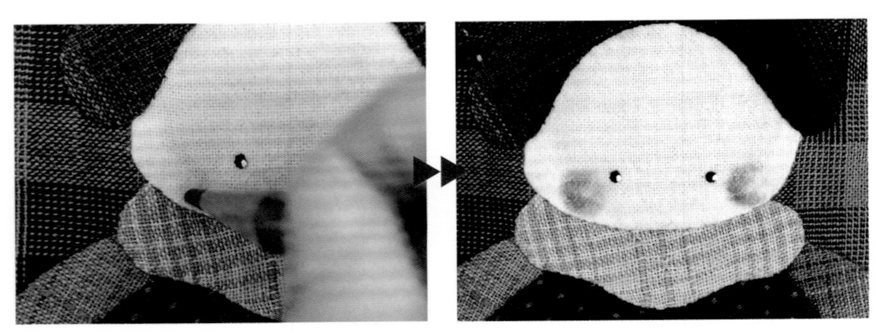

03 以紅色色鉛筆，為娃娃畫上腮紅。

## ◆娃娃頭髮

01 取適當長度的毛線作為娃娃頭髮。

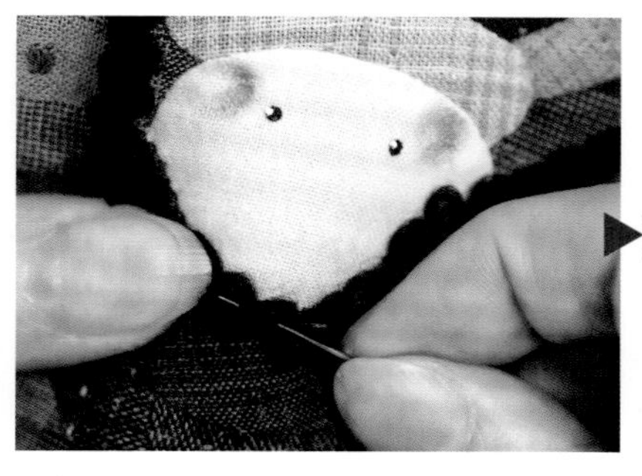

02 由中心往兩側以平針縫固定毛線。

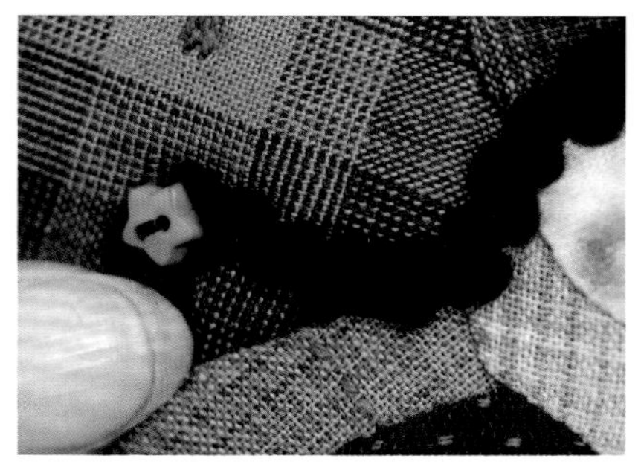

03 縫上裝飾釦。

04 娃娃頭髮完成。

## ◆皮製吊飾製作

準備工具&材料

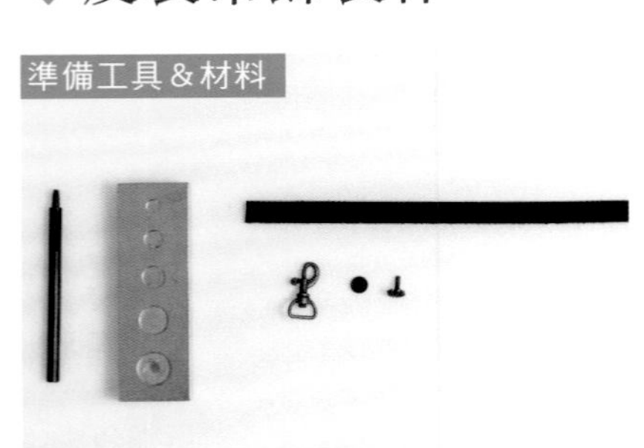

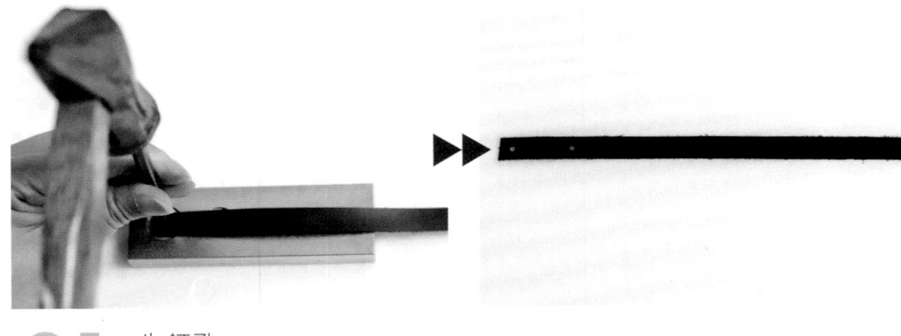

01 先釘孔。

02 將皮帶穿入問號鉤。

03 使用工具將鉚釘固定。

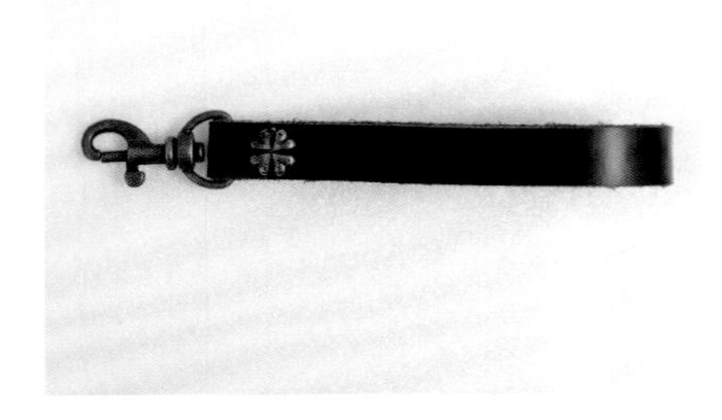

04 皮製吊飾完成。

## ◆口金縫製

01 作出口金中心點記號線。

02 先將線頭藏於表袋。

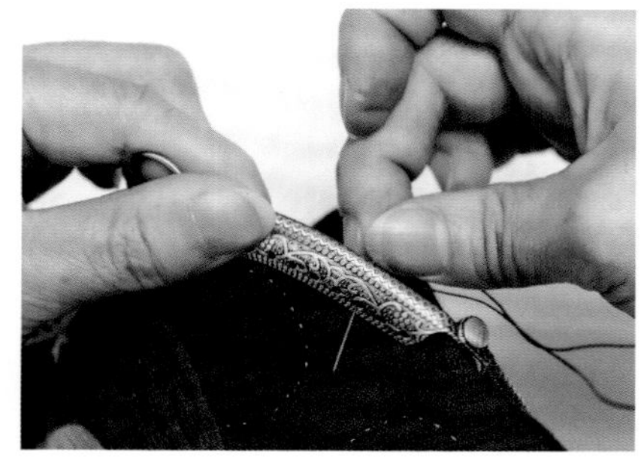

03 以回針縫的方式進行口金縫製。

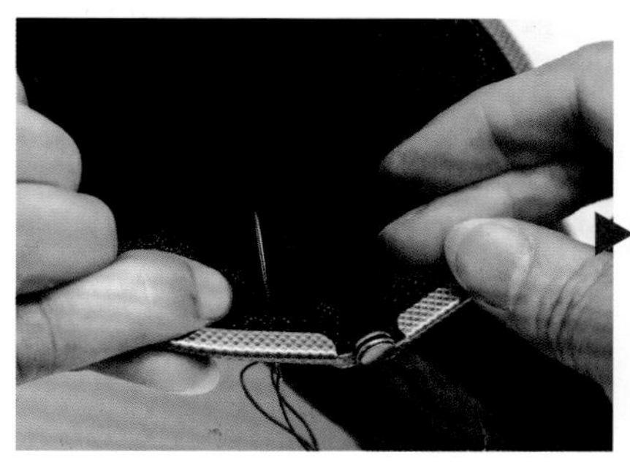

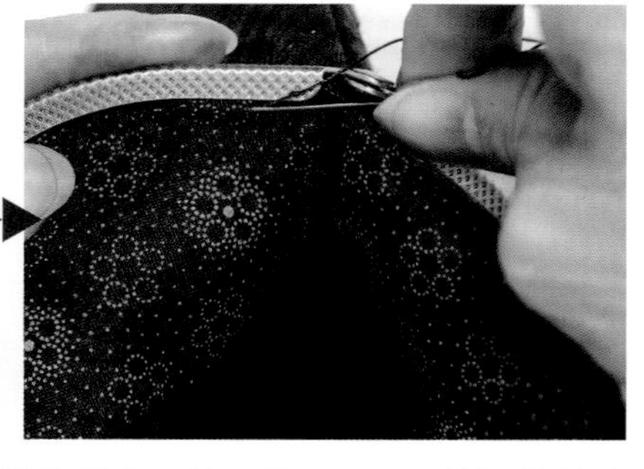

04 以回針縫縫裡袋時，方法為點進點出，針距約0.1cm，使裡袋縫線呈點狀。

05 口金縫製完成。

## ◆鑰匙片&四合釦釘法示範

準備工具&材料

固定鑰匙片基本工具及鑰匙片。

01 先畫出固定鑰匙片記號線。

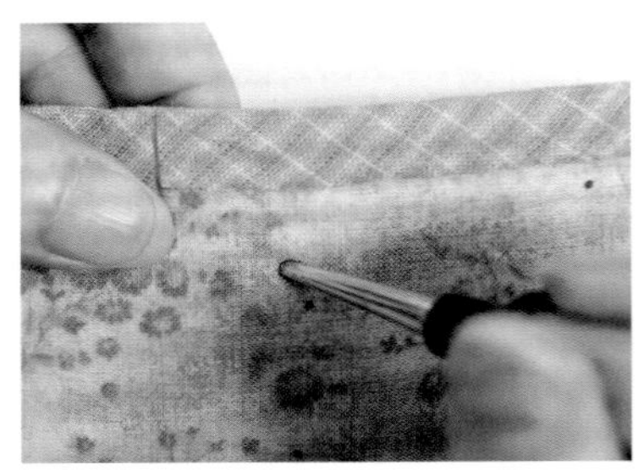

02 以錐子穿洞。

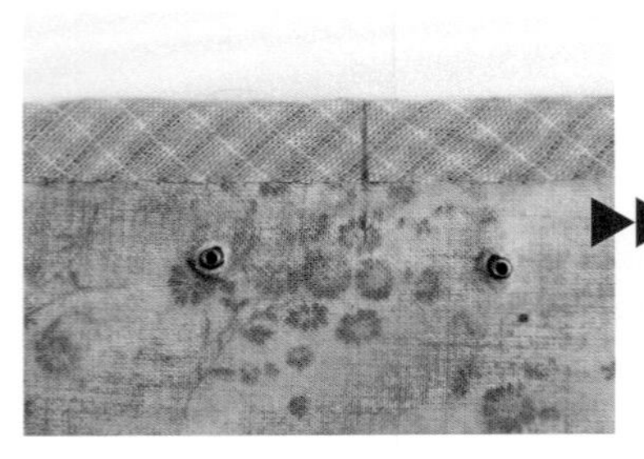

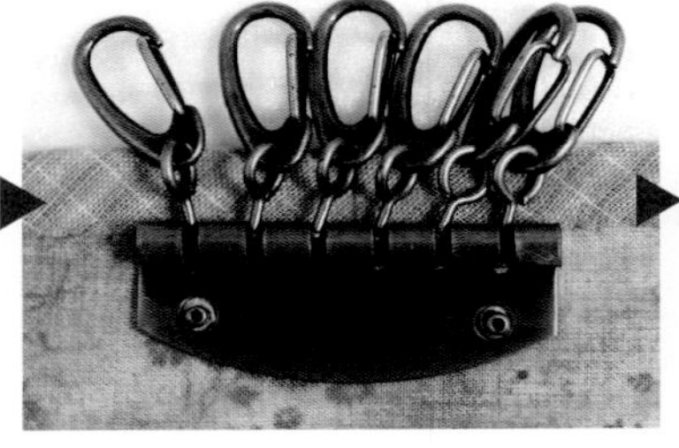

03 固定鑰匙片及使用工具釘牢。

04 完成正面的樣子。

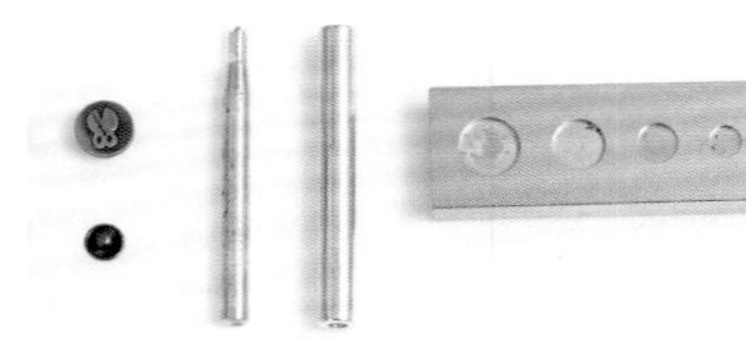

固定四合釦基本工具及四合釦組。

05 畫出四合釦位置記號線，以錐子穿洞。

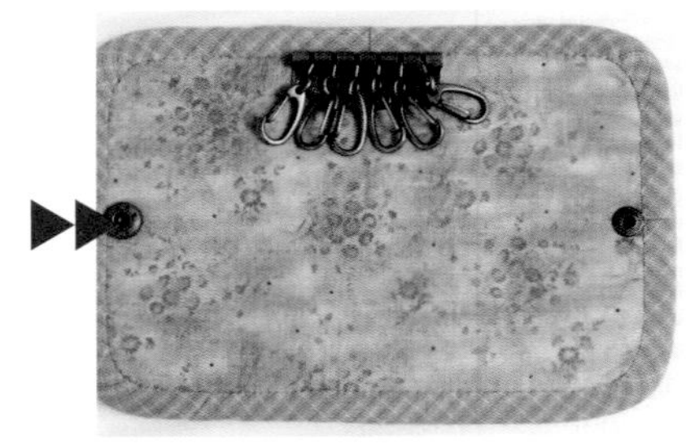

06 使用工具固定四合釦。

# ◆三角口金零錢包基礎製作

作品運用

P.32聖誕襪小天使
三角口金零錢包

尺寸：
11cm×11.5cm

材料：
貼圖底布×1、貼布×10、拼接配色布×4、口布×1、鋪棉×1、胚布×1、裡布×1、布襯×1、繡線（咖啡×1）、5.5cm三角口金×1組（含磁釦）、皮製吊飾×1

縫份說明：紙型為完成尺寸，縫份需外加，貼布布片縫份亦需外加。

P.34擁抱愛的娃娃
三角口金萬用袋

尺寸：
19.5cm×17.5cm

材料：
貼圖底布×1、貼布×8、拼接配色布×11、口布×1、鋪棉×1、胚布×1、裡布×1、布襯×1、繡線（咖啡色×1）、小釦子×4、娃娃頭髮15cm×1、10cm三角口金×1組（含磁釦）、皮製吊飾×1

縫份說明：紙型為完成尺寸，縫份需外加，貼布布片縫份亦需外加。

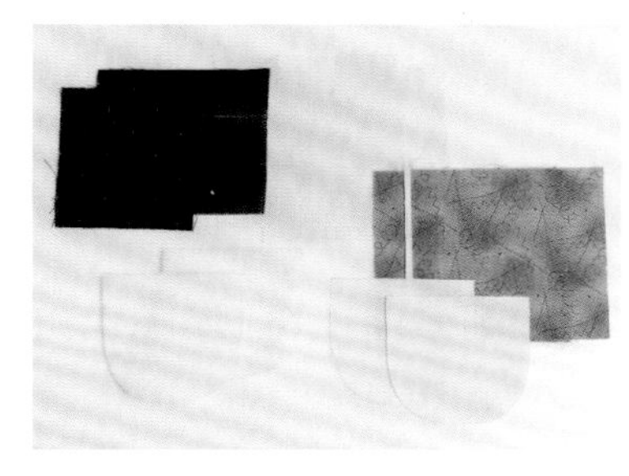

01 準備前、後片表布，各色貼布布片、鋪棉、胚布、裡布及布襯。

02 以貼布縫完成表布圖案。

03 前片表布、鋪棉及胚布，三層燙在一起，完成前表袋，後表布、鋪棉及胚布整燙完成後表袋。

04 裁剪口布（尺寸：6.5cm×3cm×2片）、布襯（尺寸：4.5cm×1cm×2片），口布燙上布襯。

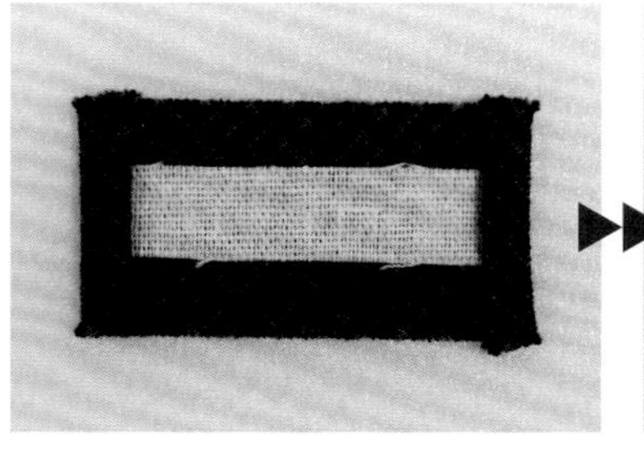

05 兩側內摺0.5cm再內摺0.5cm，各壓一道0.1cm裝飾線。完成尺寸：4.5cm×3cm×2片

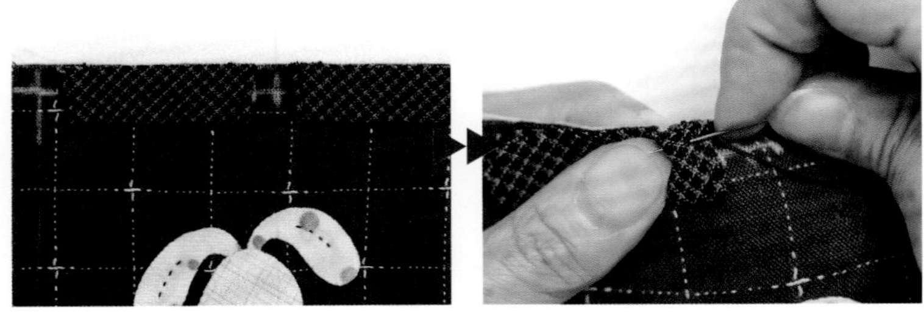

06 對摺成尺寸：4.5cm×1.5cm×2片。

07 前表袋畫出口布位置記號線，將口布開口朝上，以平針縫固定。

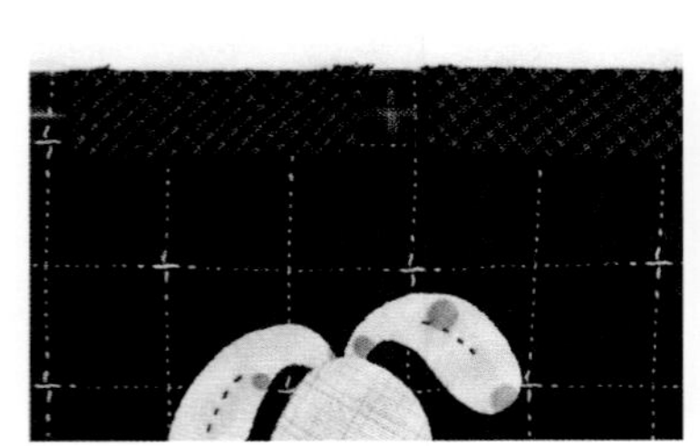

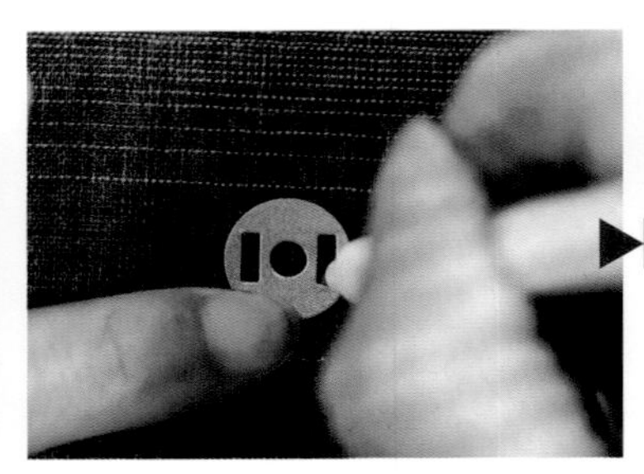

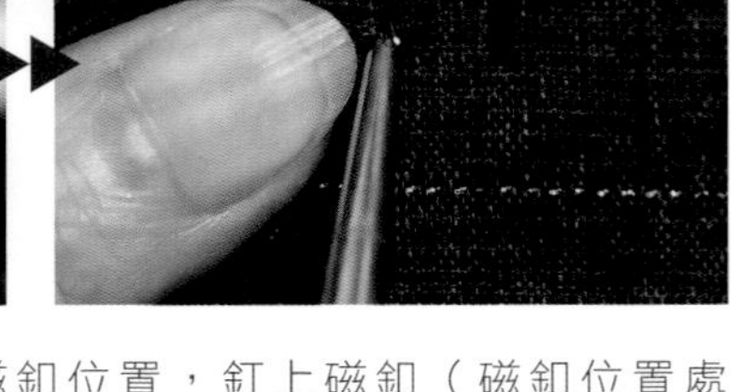

08 後片袋依圖示畫出磁釦位置，釘上磁釦（磁釦位置處（背面）可加片3cm×3cm厚襯，增加厚度再釘上磁釦，會比較牢固）。

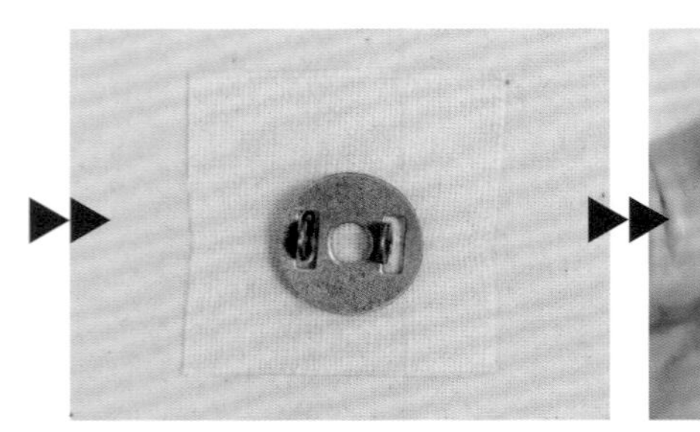

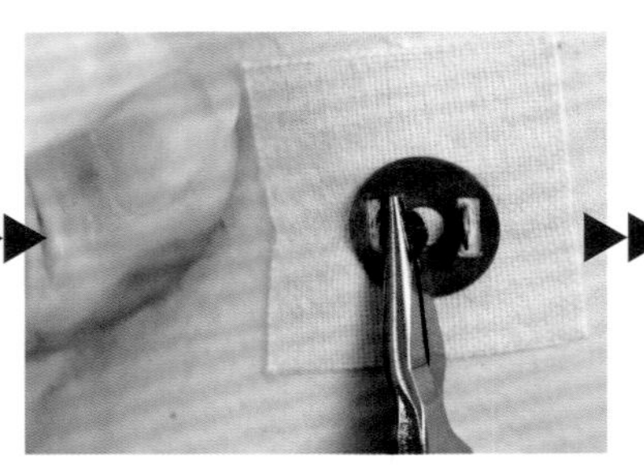

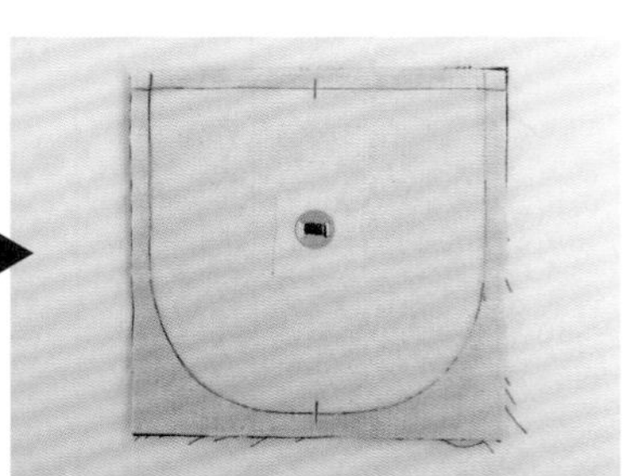

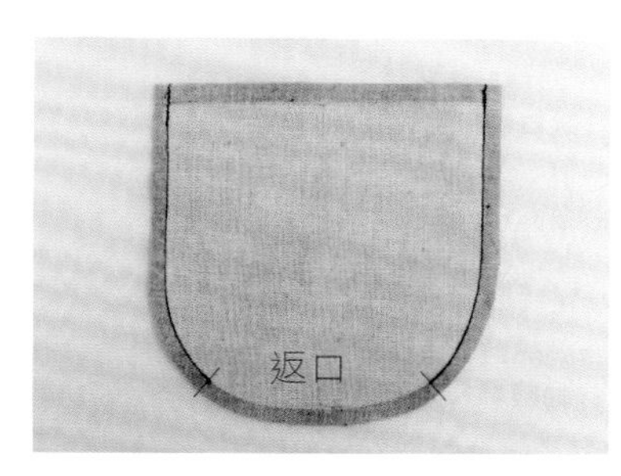


09 前、後片裡布分別燙上布襯，組合成袋，袋底需留7cm返口不縫合。

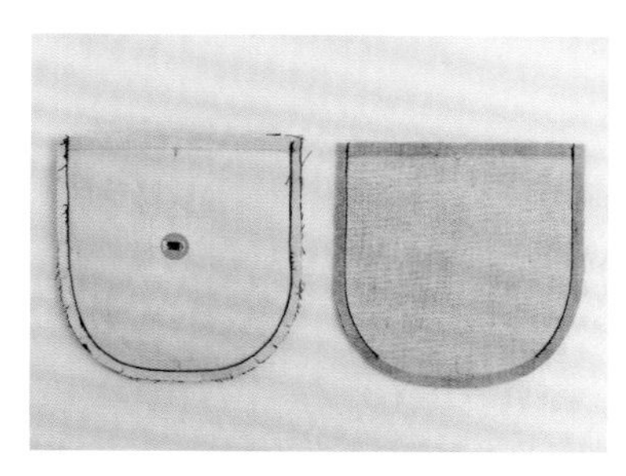

10 前、後表袋、裡袋分別組合成袋。

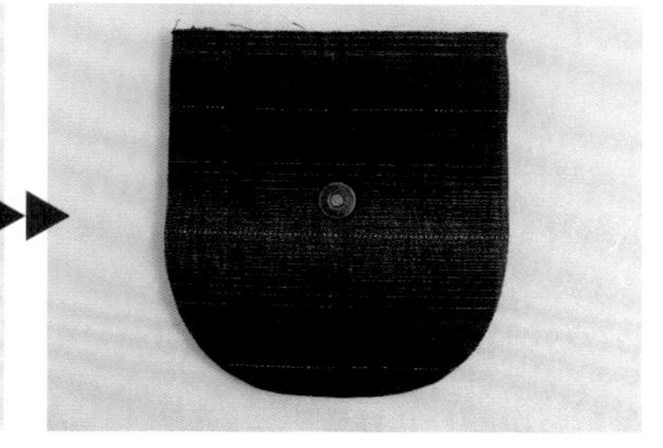

11 將正面翻出的樣子。

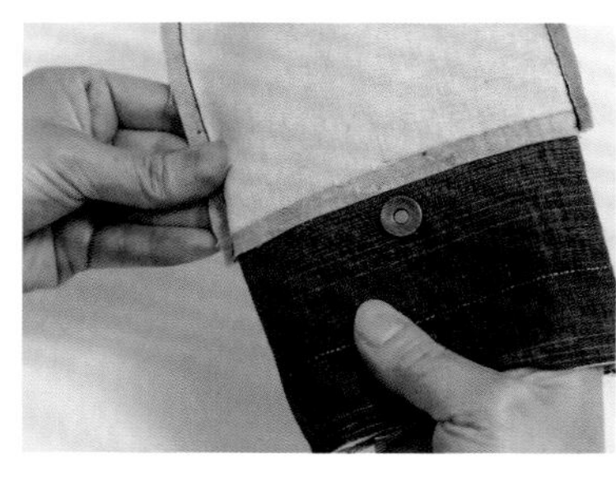

12 表袋套入裡袋中，正面相對。

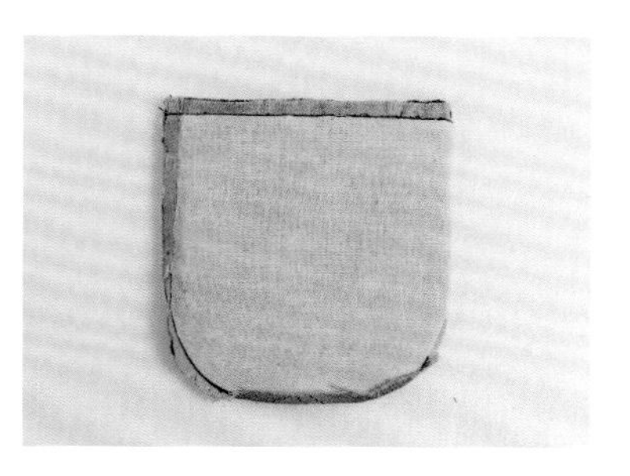

13 口緣縫合一圈。

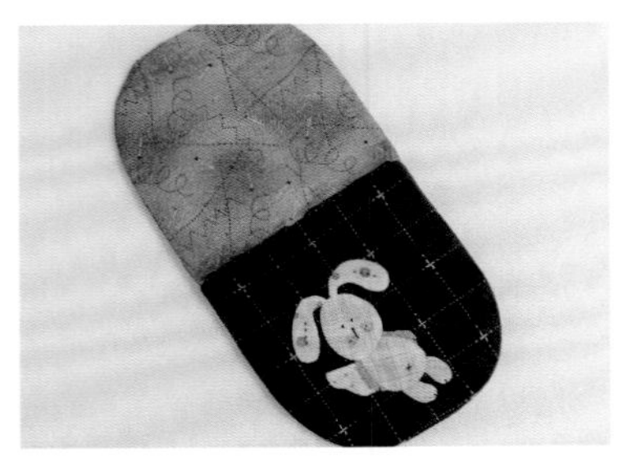

14 正面從返口翻出，整燙後，返口縫合。

15 零錢包成型。

16 將單邊磁釦套入兩口金中，再穿入口布，三角口金包即完成。

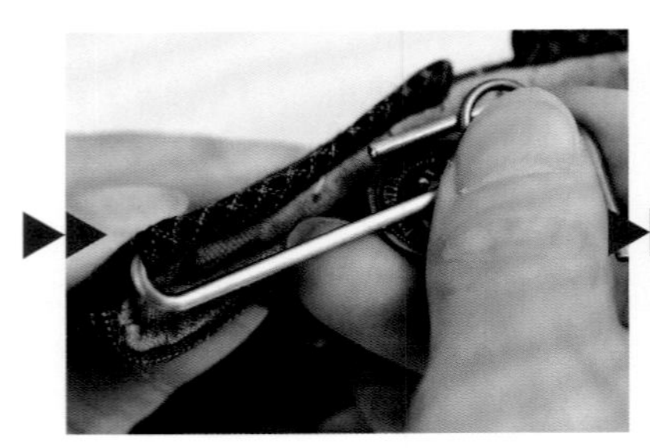

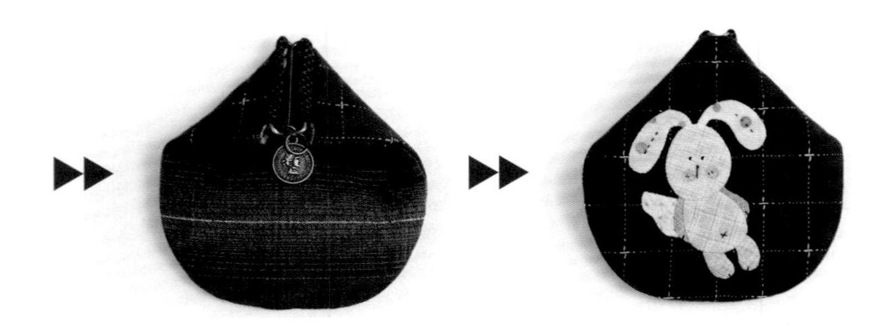

# P.30

## 不給糖就搗蛋小壁飾 ★紙型D面

**完成尺寸**

10.5cm×14cm

**材　料**

表布×1
貼布配色布數色
鋪棉×1
裡布×1
繡線（米白色×1+深咖啡色×1）
小釦子×2
木框座×1

★縫份説明：底布及貼布圖縫份需外加。

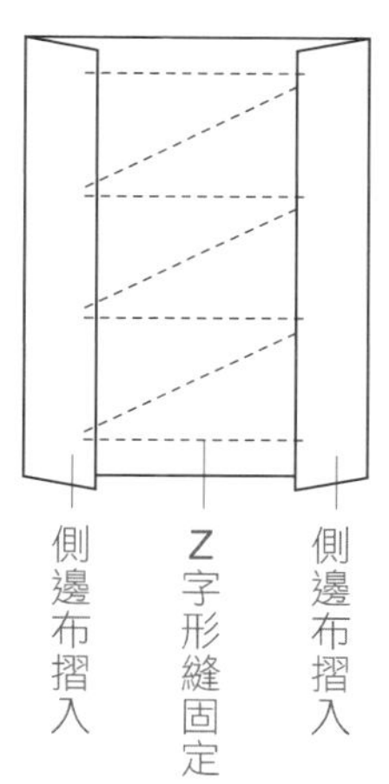


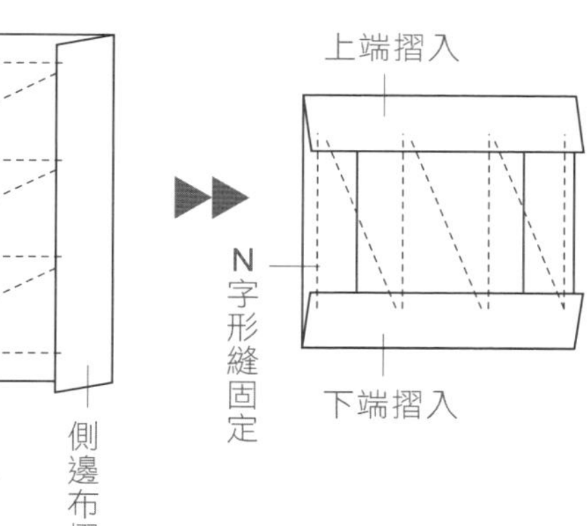


**01** 依紙型裁剪表布，依圖示貼布縫順序完成貼布縫。

**02** 表布＋鋪棉＋裡布進行三層壓線（貼布圖形全圖進行落針壓線，並依圖示完成繡圖，縫上造型釦。）

**03** 表布壓線完成後，取下木框底板，左右先將布邊摺入，以Z字形縫縫合固定，再上下將布邊摺入，以N字形縫縫合固定，最後置入木框中，即完成溫馨又可愛的小壁飾。

# P.08

## 童話世界小提包 ★紙型B面

**完成尺寸**

28cm×16cm×7cm（底寬）

**材　料**

貼布底布×1（拼接布塊e）
貼布配色布數色
拼接表布數色
袋底布×1
後背布×1
滾邊布×1
鋪棉×1
胚布×1
裡布×1
布襯×1
娃娃頭髮×1
25cm拉鍊×1
小釦子及造型釦×6
D環皮片×1組
小提把×1組

★縫份說明：紙型已含左、右兩側縫份，其他夾車拉鍊、拼接表布數色數色及貼布圖縫份需外加。

**裁布圖** ★圖示數字尺寸單位為cm。

28

夾車拉鍊

前片　16

24.5

底部　7

後片　16

**01** 依紙型裁剪貼布圖底布（20cm×9.5cm，縫份外加），再依圖示貼布縫順序，完成貼布縫。

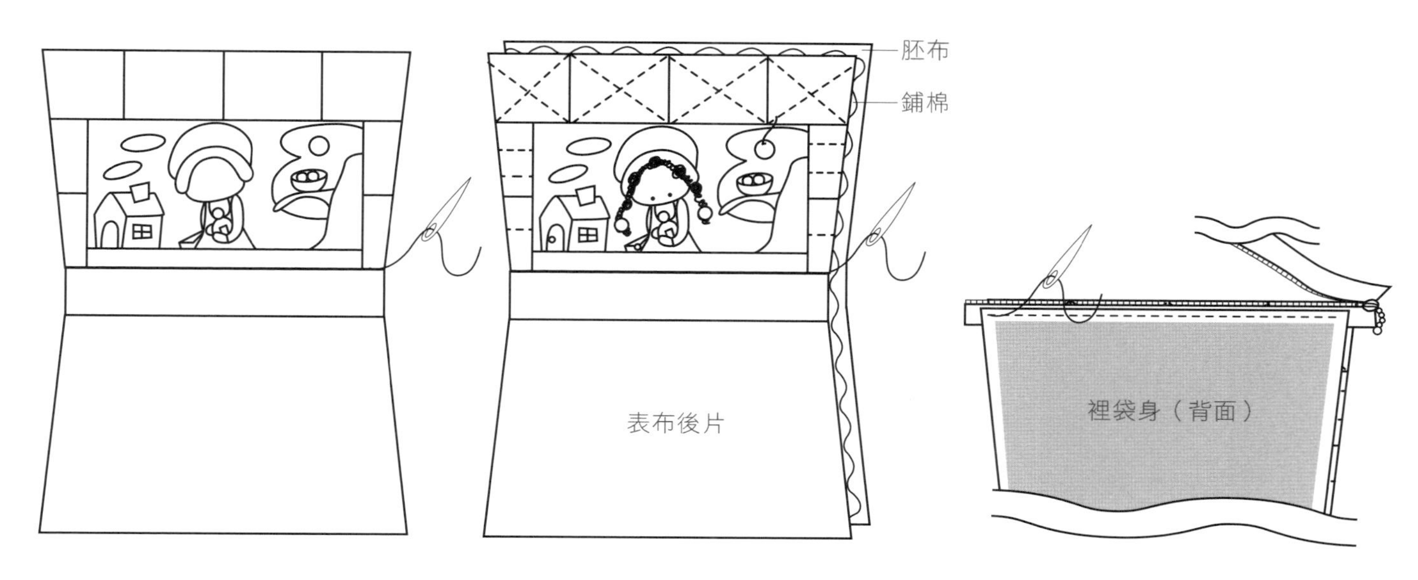


02 拼接表布數色數色，依紙型圖示尺寸裁剪各色布塊，a+b接合，c+d接合，e+f接合，再拼接在一起後與g、h、i、j布塊組合成前片表布，並裁剪袋底表布，後片表布裁剪尺寸同前片表布尺寸，前片表布＋袋底表布＋後片表布組合成一整片表袋＋鋪棉【不留縫份】＋胚布進行三層壓線，（貼布縫圖全圖形進行落針壓線，其餘可依圖示或壓圓形、菱格、線條，依個人喜好選擇）並依圖示完成繡圖、縫上娃娃頭髮及造型釦。

03 依紙型裁裡布及布襯，布襯不留縫份，裡布燙上布襯成裡袋。表袋與裡袋口緣夾車拉鍊，夾車拉鍊可使用水溶性雙面膠作為固定，單邊拉鍊與表袋、裡袋夾車完成，翻至正面整燙，另一邊作法相同，夾車拉鍊完成。

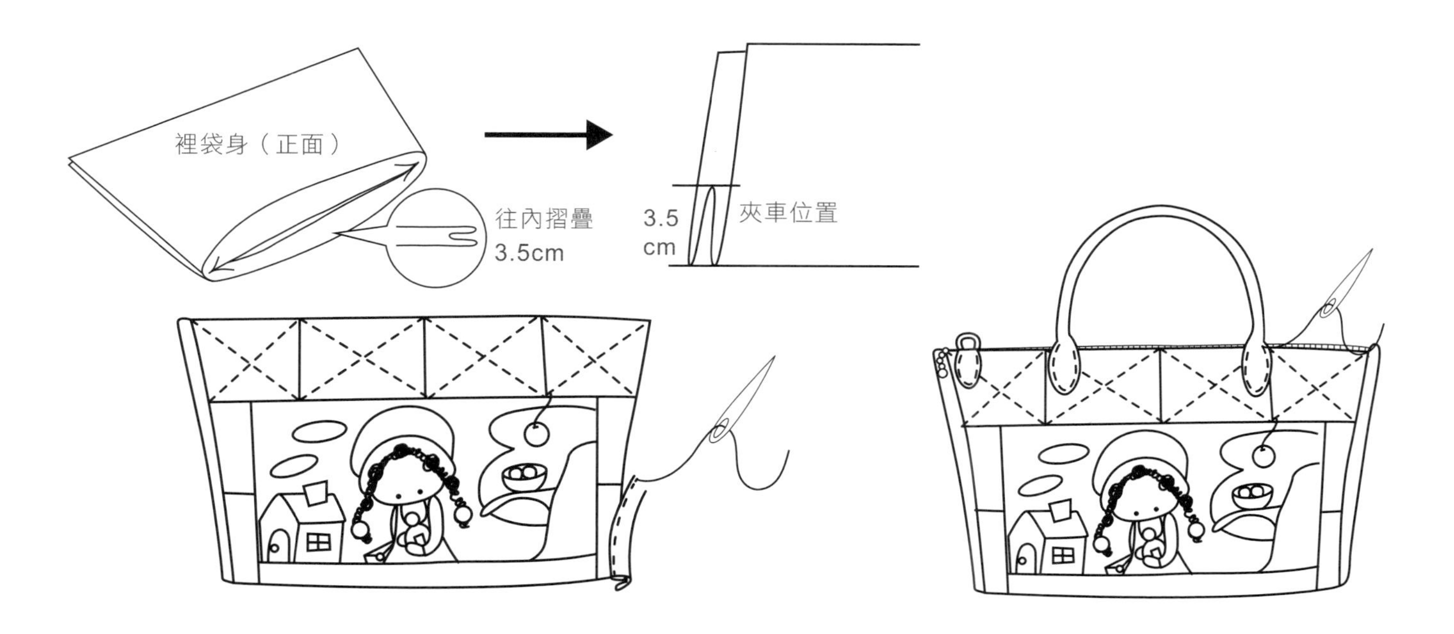


04 將袋底往內摺至夾車位置，兩側分別接合，縫上滾邊。

05 將D環皮片及提把縫上，可背也可提的萬用小提包即完成。

# P.10

## 獅子座女孩個性隨身包 ★紙型A、B面

完成尺寸

19cm×12cm×5.5cm（底寬）

材　料

貼布底布×1
貼布配色布數色
袋底布×1
後背布×1
滾邊布×1
鋪棉×1
胚布×1
裡布×1
布襯×1
繡線（咖啡色×1＋米白色×1）
娃娃頭髮×1
25cm拉鍊×1
小釦子×2
拉鍊皮片×1

★縫份說明：紙型為原寸，前、後片含滾邊縫份，其他縫份均需外加，前、後片紙型相同。

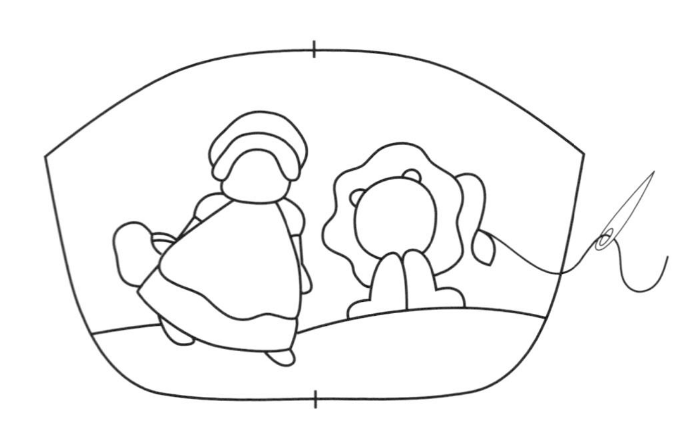

01 依紙型裁剪前、後片表布、袋底布及各色貼布用布（縫份需外加），前片表布依圖示完成貼布縫。

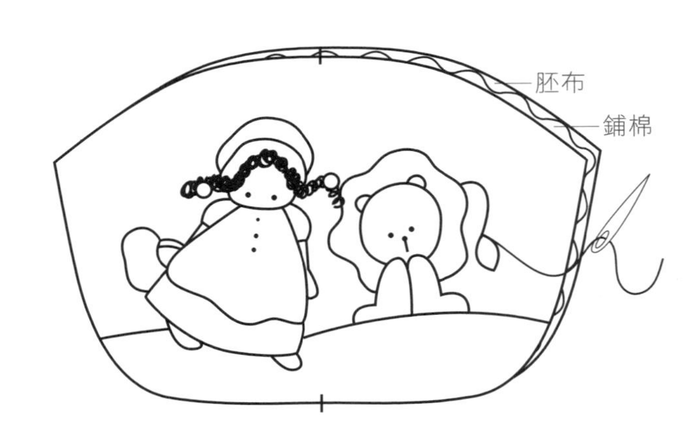


02 前、後、底表布單獨＋鋪棉（滾邊處留縫份，其餘不留）＋胚布進行三層壓線，貼布圖形全圖進行落針壓線，其餘可壓線條、斜紋、圓圈等圖形，並依圖示完成繡圖、縫上娃娃頭髮及造型釦。

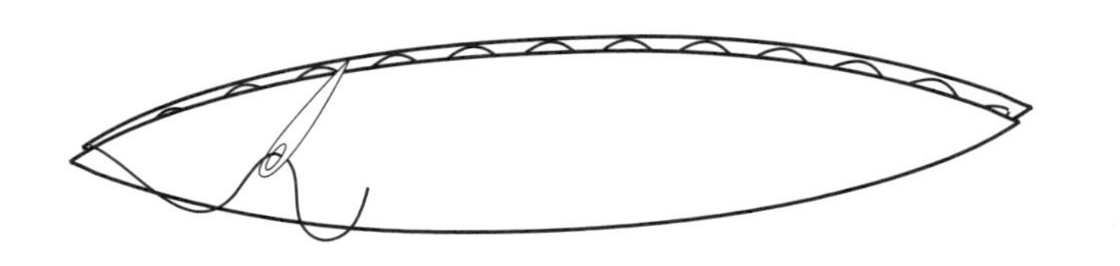

03 依紙型圖示尺寸裁剪裡布（前、後、底）及布襯（不留縫份），裡布燙上布襯。

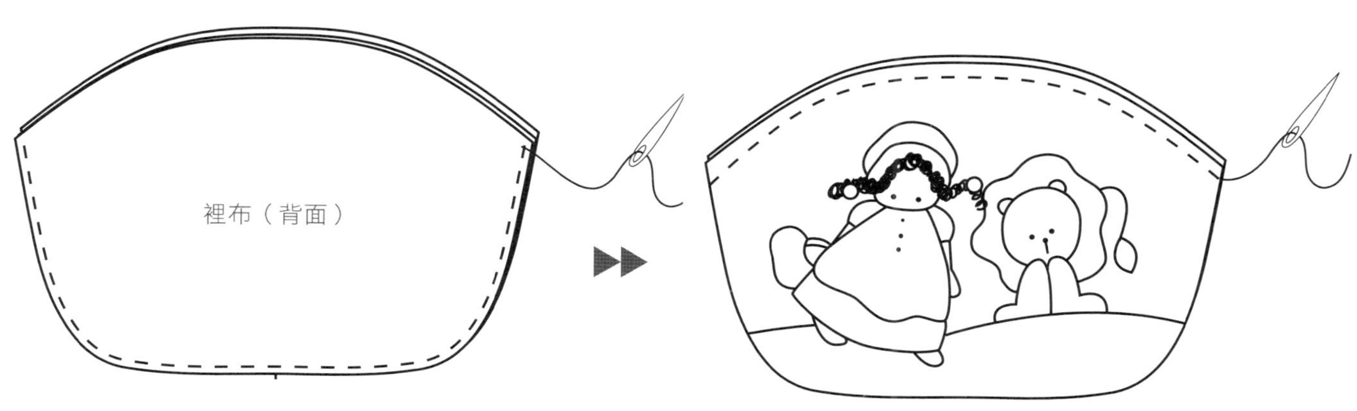


04 取一片前表布及一片裡布正面相對，組合前表袋身，上緣開口不縫合，整燙後修剪縫份翻至正面，開口處以平針縫縫合一道暫時固定，後表袋身作法與前表袋身相同，從預留返口將正面翻出，整燙後，將預留返口縫合即完成袋底。將袋底表布與袋底裡布正面相對四周縫合，需留返口。

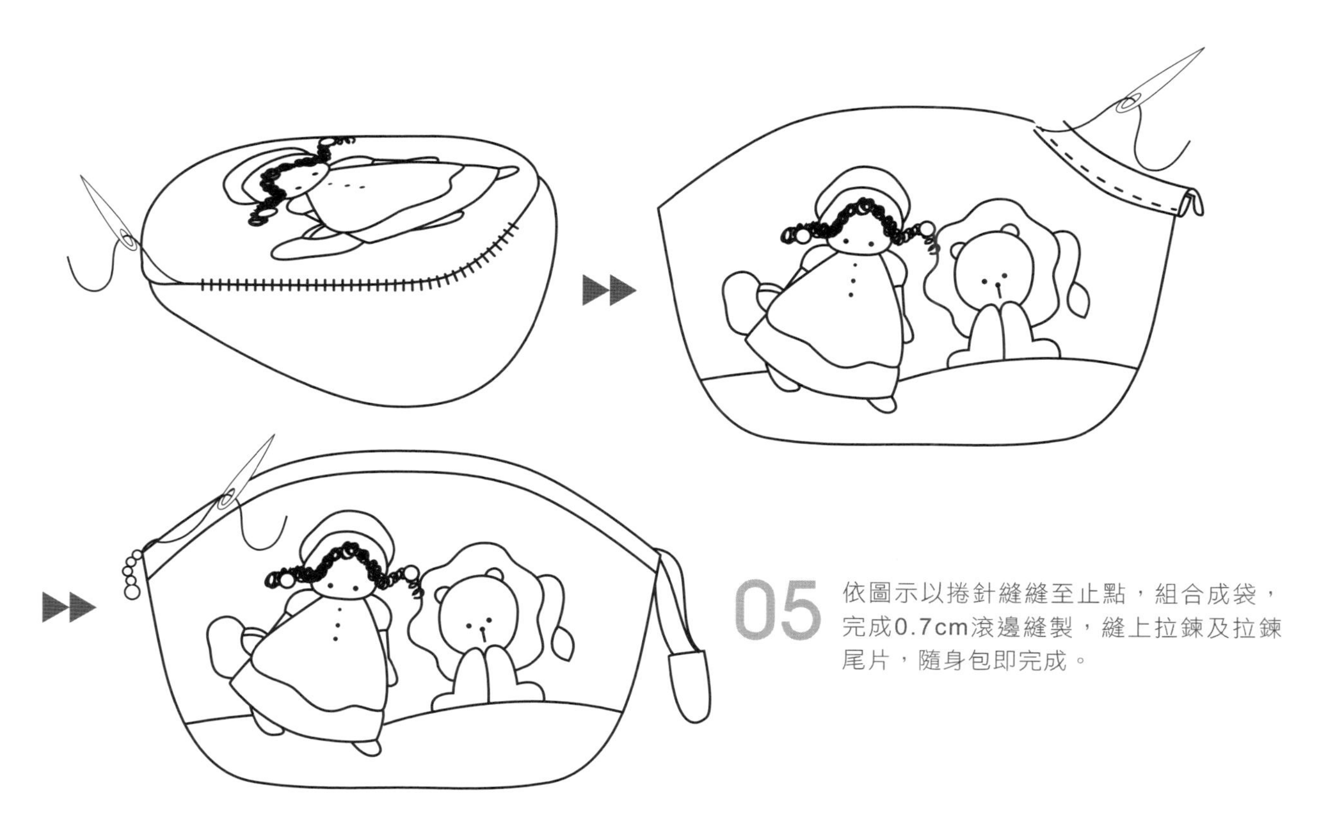

05 依圖示以捲針縫縫至止點，組合成袋，完成0.7cm滾邊縫製，縫上拉鍊及拉鍊尾片，隨身包即完成。

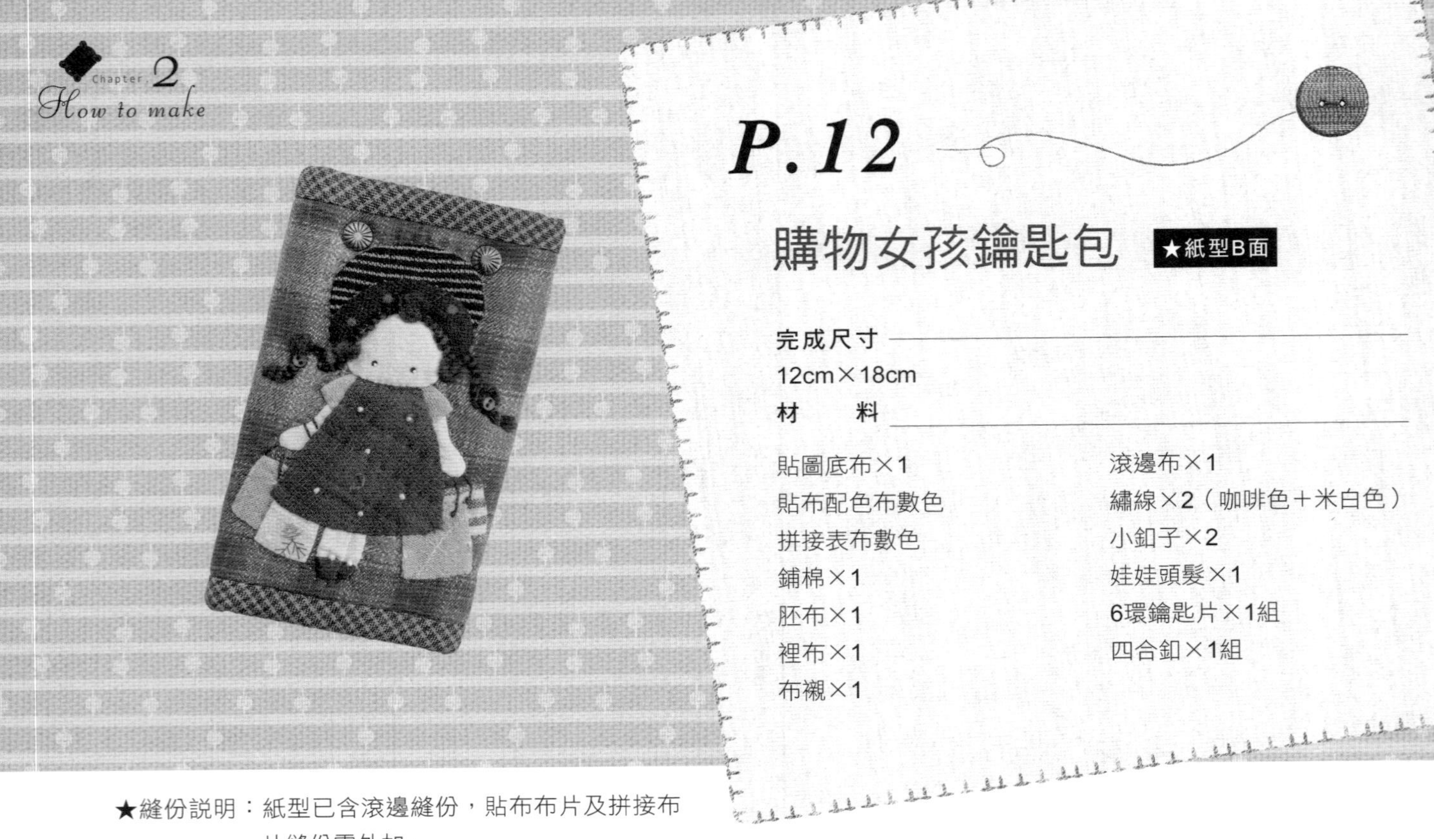

# P.12

## 購物女孩鑰匙包 ★紙型B面

**完成尺寸**

12cm×18cm

**材　　料**

貼圖底布×1
貼布配色布數色
拼接表布數色
鋪棉×1
胚布×1
裡布×1
布襯×1
滾邊布×1
繡線×2（咖啡色＋米白色）
小釦子×2
娃娃頭髮×1
6環鑰匙片×1組
四合釦×1組

★縫份說明：紙型已含滾邊縫份，貼布布片及拼接布片縫份需外加。

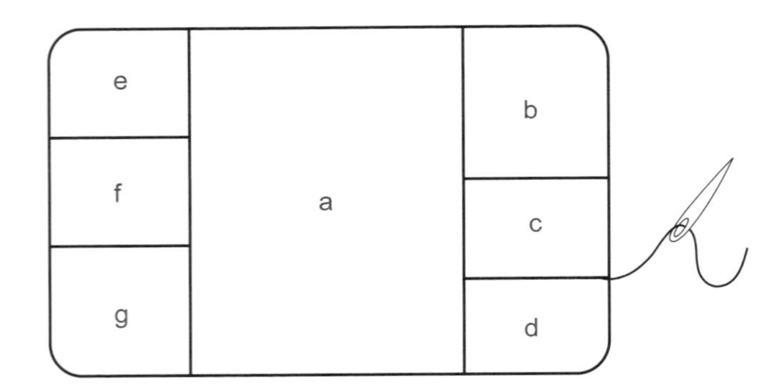


**01** 依紙型裁剪貼圖表布a及各色配色布（縫份外加），表布a貼圖完成後與布片b、c、d、e、f、g接合成一整片表布A。

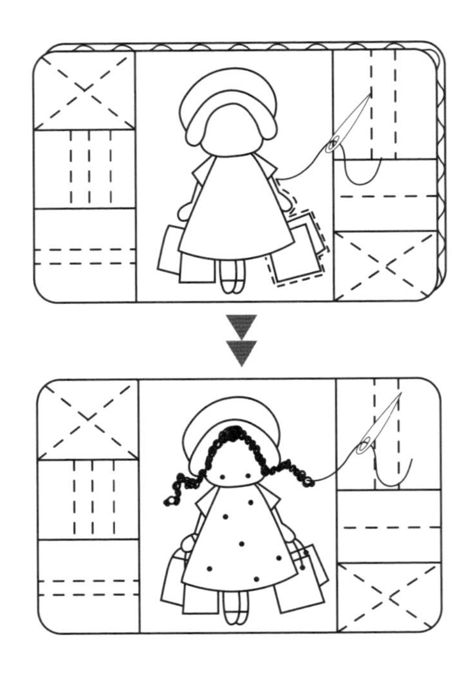

**02** 表布A＋鋪棉＋胚布進行三層壓線，貼布圖全圖進行落針壓線，其他依圖示，縫上娃娃頭髮及小釦子，並完成表布繡圖（娃娃鞋採全繡線完成，先繡外框再將裡面以平針繡填滿），鑰匙包表布即完成。

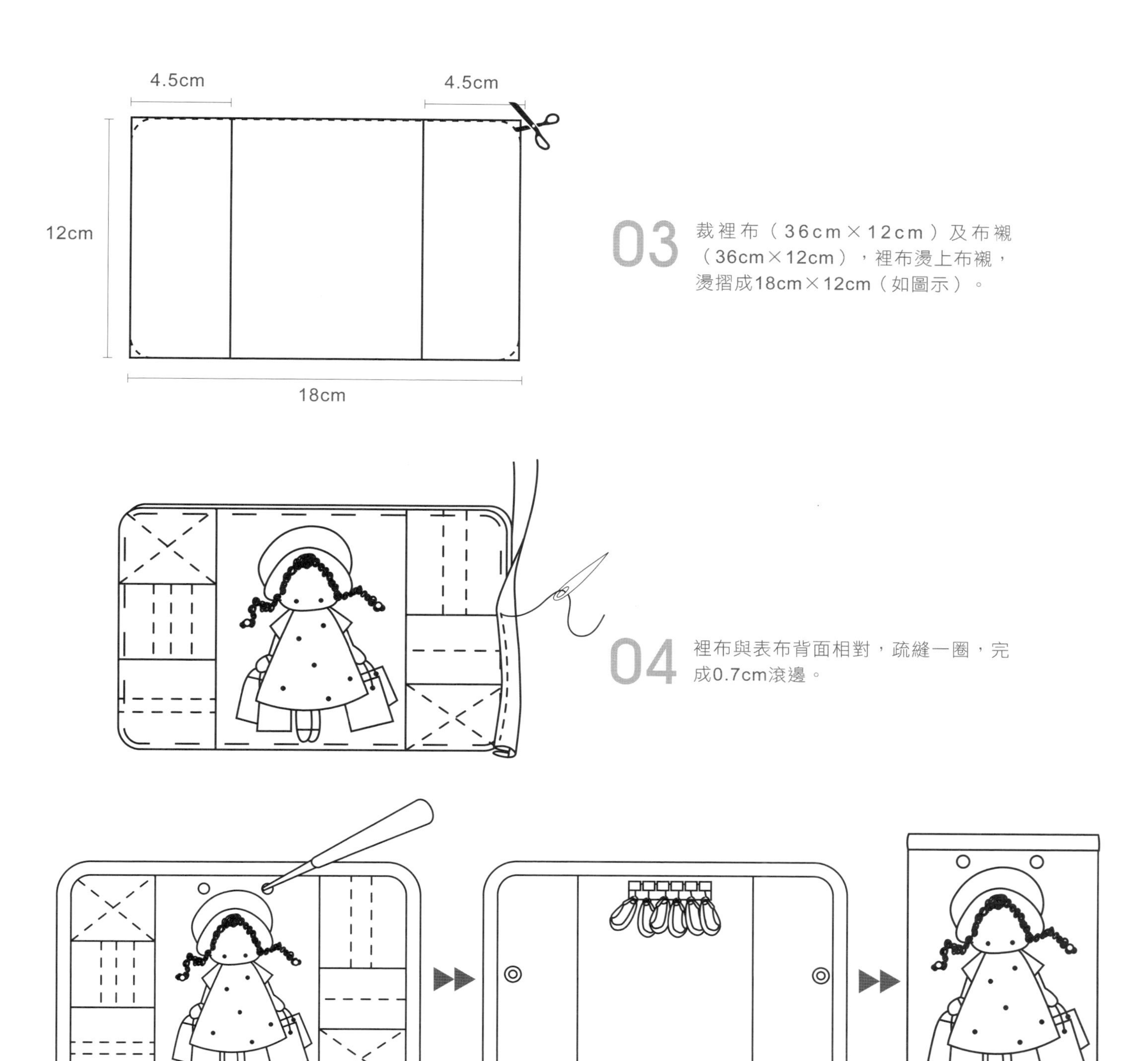


**03** 裁裡布（36cm×12cm）及布襯（36cm×12cm），裡布燙上布襯，燙摺成18cm×12cm（如圖示）。

**04** 裡布與表布背面相對，疏縫一圈，完成0.7cm滾邊。

**05** 依圖示畫出鑰匙片位置，以粗的錐子先鑽洞，再將鑰匙片依位置放上，釘上鉚釘（請使用工具，才不會破壞金屬表面），或是將表面保護好（上下均要保護），以鐵槌輕敲使其固定。

**06** 畫出四合釦位置，使用工具將四合釦釘上，若無工具，可採手縫縫上磁釦。

★步驟 5 至 6 請參考P.68鑰匙片&四合釦釘法示範

# P.14

## 花仙子名片夾套 ★紙型B面

**完成尺寸**

25cm×22cm

**材　　料**

貼圖表布×1
拼接表布數色
貼布配色布數色
鋪棉×1
胚布×1
裡布×1
布襯×1
滾邊×1
繡線（咖啡色）×1
裝飾小釦×2
皮繩48cm×0.5cm×1
名片夾×1組

★縫份説明：紙型已含滾邊縫份，貼布布片及拼接布片縫份需外加。

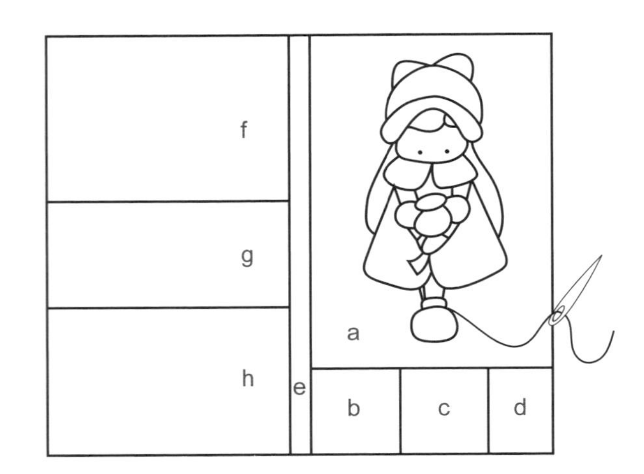


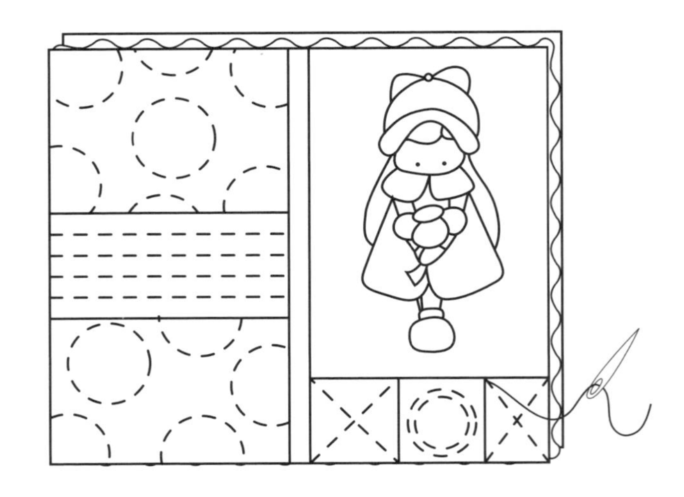

**01** 依紙型裁剪各色表布及貼布用布，縫份外留，依圖示將表布a完成圖案貼布縫，再與其他各色布（b至h）拼接成一完整表布A。

**02** 表布A＋鋪棉＋胚布進行三層壓線（依圖示），完成繡圖及縫上造型釦。

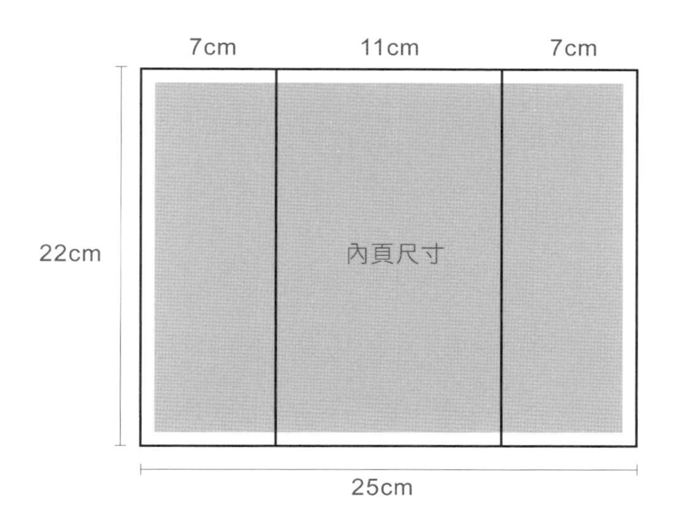


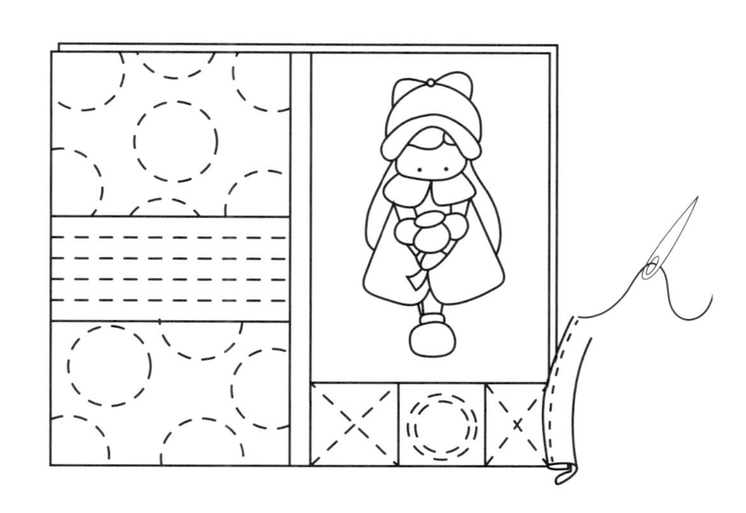

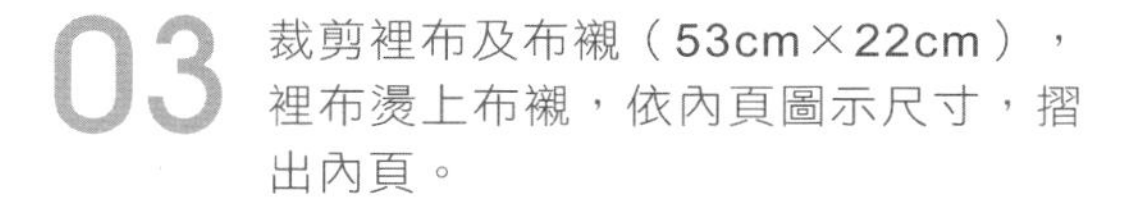

**03** 裁剪裡布及布襯（53cm×22cm），裡布燙上布襯，依內頁圖示尺寸，摺出內頁。

**04** 將表布與內頁背面相對，四周疏縫固定，完成0.7cm滾邊即完成書套。

**05** 皮繩上下重疊1cm縫合固定，再縫上裝飾釦，套入名片夾即完成。

# P.15

## 愛的禮物小冊套 ★紙型B面

**完成尺寸**

20cm×15cm

**材　料**

貼圖表布×1
拼接表布數色
貼布配色布數色
釦耳布×1
鋪棉×1
胚布×1
裡布×1
布襯×1
滾邊×1
繡線×2（咖啡色＋米白色）
裝飾小釦×3
1cm包釦×1
四合釦×1組（若沒工具可採磁釦）
娃娃頭髮×1
蕾絲緞帶15cm×1
小冊子×1本

★縫份説明：紙型已含滾邊縫份，貼布圖案、拼接布片縫份需外加。

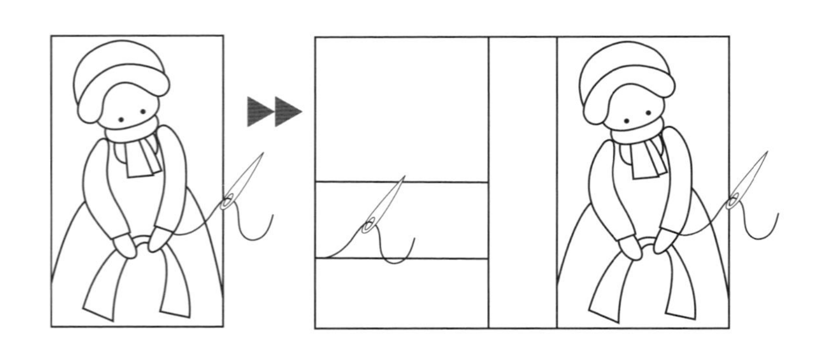

**01** 依紙型裁剪各色表布及貼布用布，縫份外留，依圖示將表布a完成圖案貼布縫再與其他各色布（b至e）拼接成一片完整表布A。

**02** 表布A＋鋪棉＋胚布進行三層壓線（貼布圖形全圖進行落針壓線，其他可壓圓形或直紋、橫紋），依圖示位置固定蕾絲緞帶，完成繡圖，縫上娃娃頭髮及造型釦、小包釦。

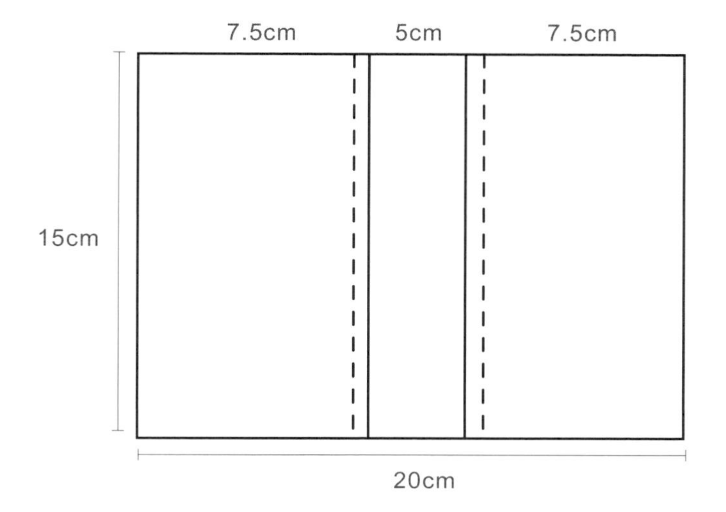


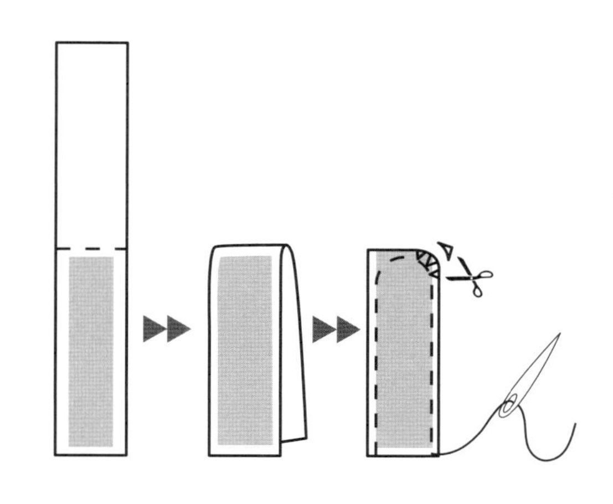

03 裁剪裡布及布襯（50cm×15cm），裡布燙上布襯，依內頁圖示尺寸，摺出內頁。

04 裁剪釦耳布12cm×2cm（縫份外加0.7cm），單側燙布襯（6cm×2cm），正面相對對摺後沿布襯縫合，弧度剪牙口，翻出正面（尺寸為6.7cm×2cm）。

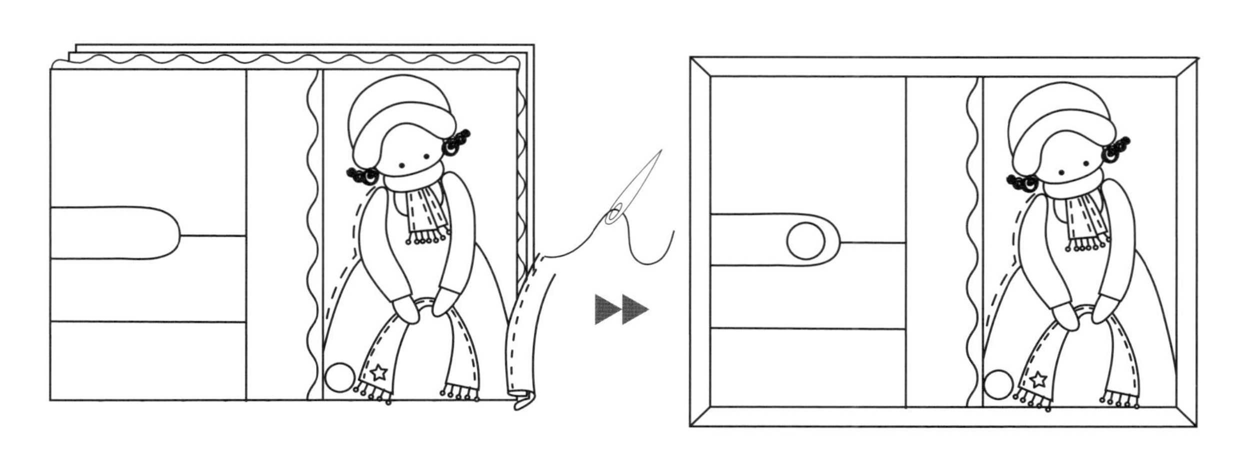

05 將表布與內頁背面相對四周疏縫固定，找出釦耳布位置並固定於表布上，完成0.7cm滾邊，釦耳釘上四合釦或縫上磁釦，小冊套完成。

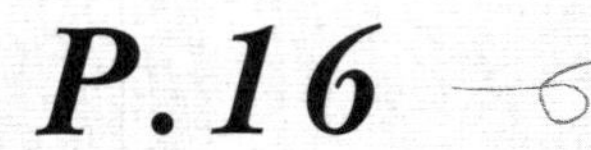


# 淘氣天使側背包 ★紙型B面

**完成尺寸**

28cm×17.5cm×8.5cm（底寬）

**材　料**

底布×3（前片、後片、袋底布）
貼布配色布數色
鋪棉×1
胚布×1
裡布×1
布襯×1
滾邊×1
小釦子×2
小D環皮片×2
25 cm拉鍊×1
娃娃頭髮×1
繡線×2（米白色+咖啡色）
小花提把或側背帶×1組

★縫份説明：紙型為原尺寸，縫份需外加，滾邊縫份已含，貼布布片縫份需外加。

01 依紙型裁剪前、後片表布（紙型相同）、袋底布及貼布用布（縫份均需外加），並依貼布縫順序完成前片表布圖案。

02 貼布縫完成的前表布、後表布，及袋底布分別單獨表布＋鋪棉＋胚布進行三層壓線（前表布全圖形進行落針壓線，其餘依圖示，後背布、袋底布可壓直紋、橫紋或圓形），前表布完成繡圖，縫上娃娃頭髮、造形釦。

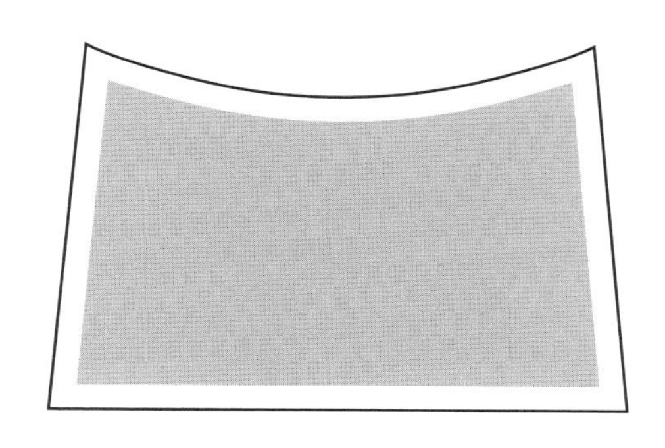

03 依紙型裁剪裡布前、後片及袋底（需外加縫份）及布襯（布襯不留縫份），裡布燙上布襯。

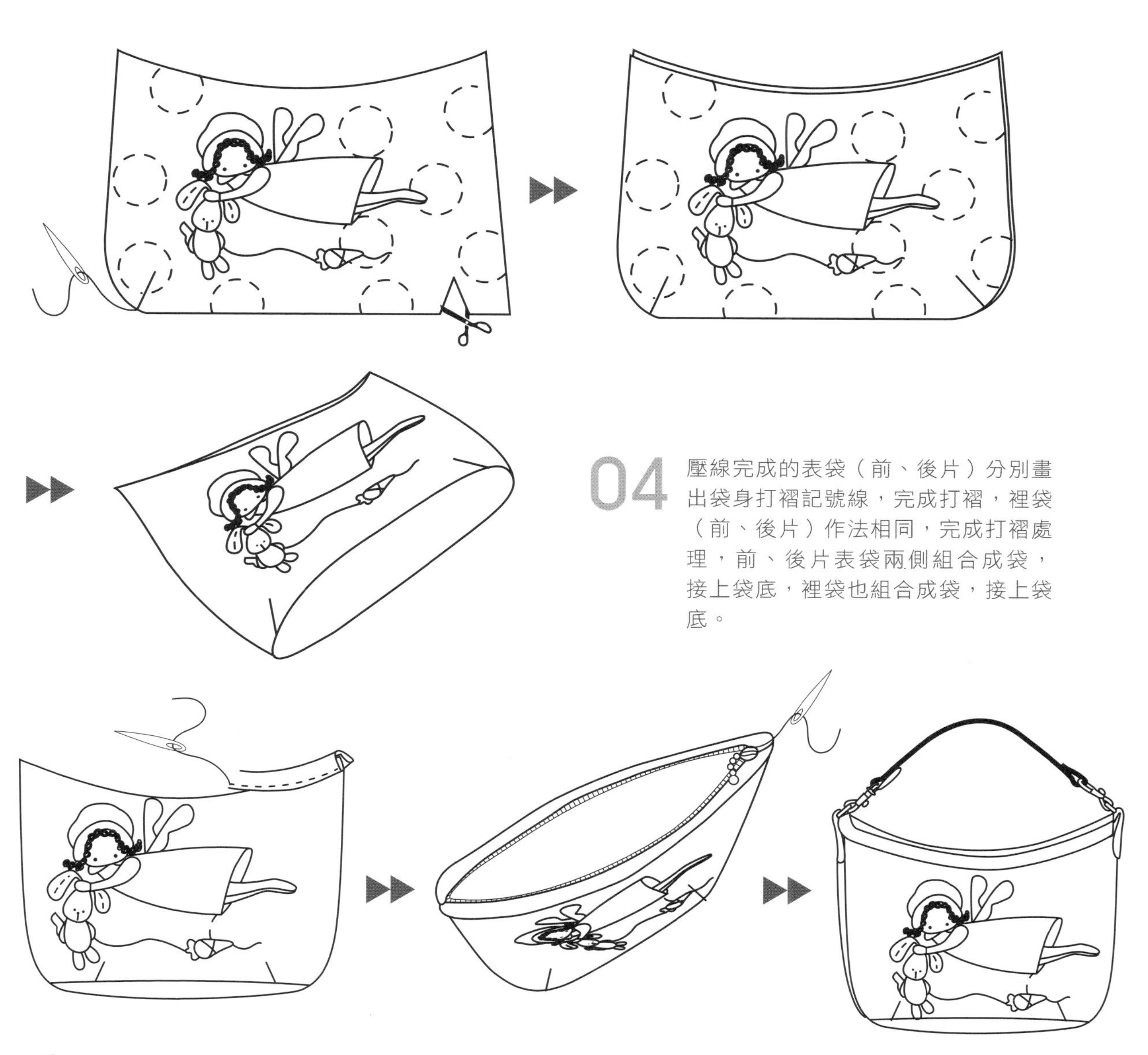

04 壓線完成的表袋（前、後片）分別畫出袋身打褶記號線，完成打褶，裡袋（前、後片）作法相同，完成打褶處理，前、後片表袋兩側組合成袋，接上袋底，裡袋也組合成袋，接上袋底。

05 表袋組合成袋後，口緣縫上0.7cm滾邊一圈，縫上拉鍊，小D環皮片縫在袋身兩側，裡袋置入表袋內，裡袋縫份內摺以藏針縫固定在拉鍊上，勾上小花提把或側背帶即完成。

# P.20

## 旅行中的男孩零錢包 ★紙型D面

**完成尺寸**

18cm×10cm×5cm（底寬）

**材　料**

前片表布a×1
後片表布b×1
底表布c×1
兩側滾邊布×1
貼布配色布數色
鋪棉×1
胚布×1
裡布×1
布襯×1
繡線×2（黃色、咖啡色）
拉鍊15cm×1
皮製小吊飾×1

★縫份説明：版型已含左、右滾邊縫份，夾車拉鍊縫份
a.b.c布塊拼接縫份及貼布圖縫份需外加。

**裁布圖** ★圖示數字尺寸單位為cm。

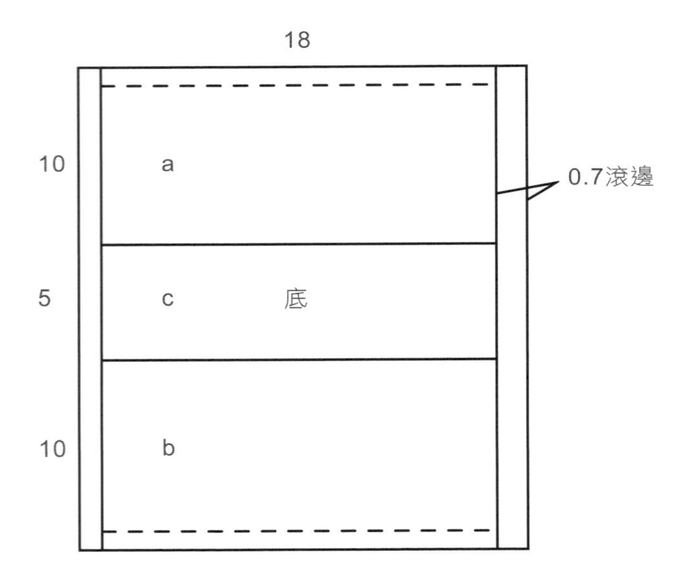


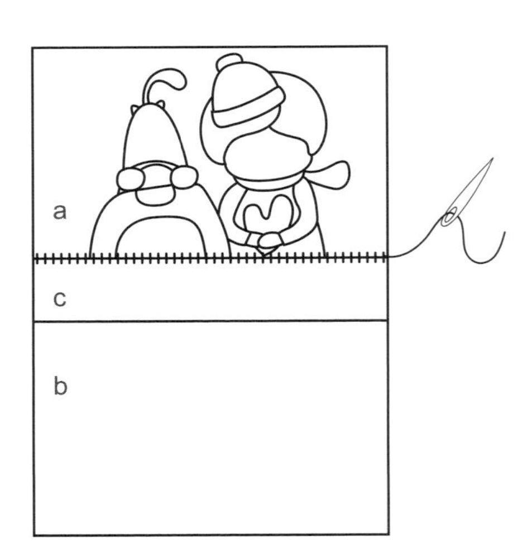


**01** 裁剪表布a（21cm×12cm）、表布b（21cm×12cm）、表布c（21cm×7cm）及各色貼布塊，表布a、b、c已含縫份，貼布塊縫份需外加，將表布a依圖示貼布縫順序完成貼布縫，再與表布c與表布b拼接成整片表布A（21cm×27cm，已含縫份）。

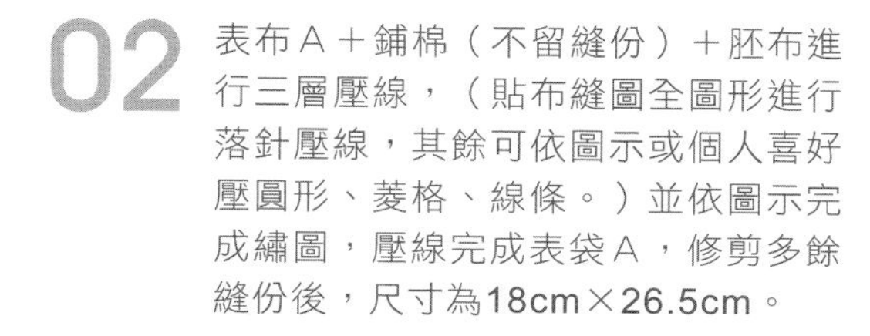

**02** 表布Ａ＋鋪棉（不留縫份）＋胚布進行三層壓線，（貼布縫圖全圖形進行落針壓線，其餘可依圖示或個人喜好壓圓形、菱格、線條。）並依圖示完成繡圖，壓線完成表袋Ａ，修剪多餘縫份後，尺寸為18cm×26.5cm。

**03** 依尺寸18cm×26.5cm裁裡布及布襯（不留縫份，尺寸為16.5cm×25 cm），裡布燙上布襯。

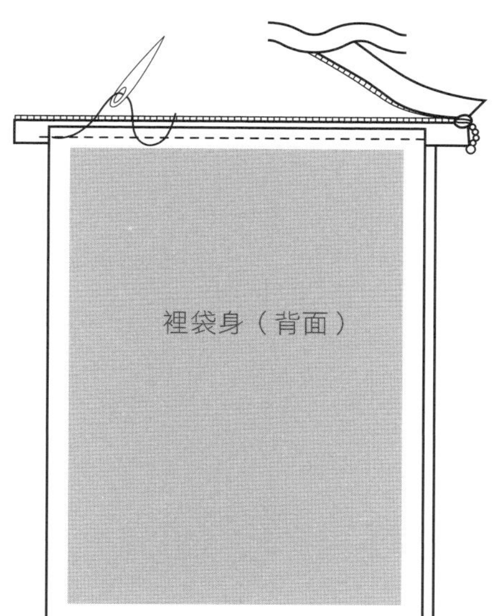


**04** 表袋與裡袋口緣夾車拉鍊，夾車拉鍊可使用水溶性雙面膠作為固定，單邊拉鍊與表袋、裡袋夾車完成，翻至正面整燙，另一邊作法相同，夾車拉鍊完成。

**05** 將袋底往內摺至夾車位置，兩側分別接合，縫上滾邊，零錢包即完成。

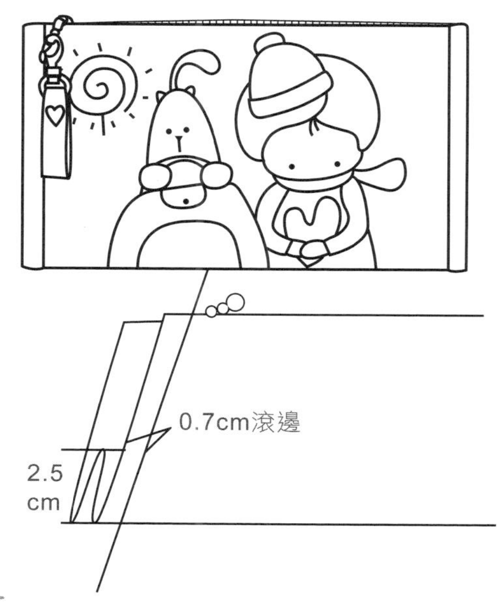

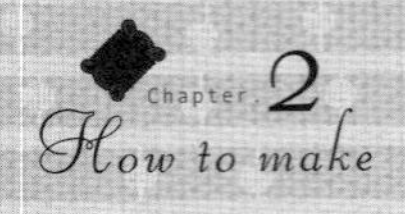

# P.22

## 冬の女孩雙拉鍊零錢包 ★紙型D面

**完成尺寸**

18cm×10cm

**材　料**

表布（含前、後片）×1
兩側滾邊及下滾邊布×1
貼布配色布數色
鋪棉×1
胚布×1
裡布×1
布襯×1
繡線×1（咖啡色）
造型釦子×4p
娃娃頭髮×1p
皮製吊飾×1

★縫份説明：紙型已含滾邊縫份，未滾邊的縫份（夾車拉鍊縫份）需外加。

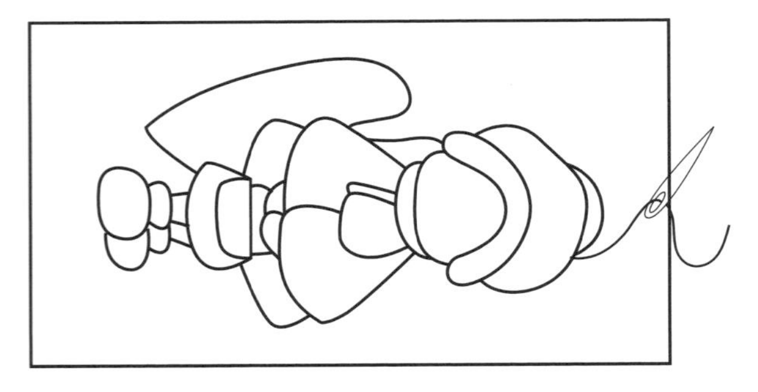

01 依紙型裁剪前、後片表布（縫份可多預留一些）及貼布用布（縫份需外加），並依貼布縫順序完成前片表布貼布縫。

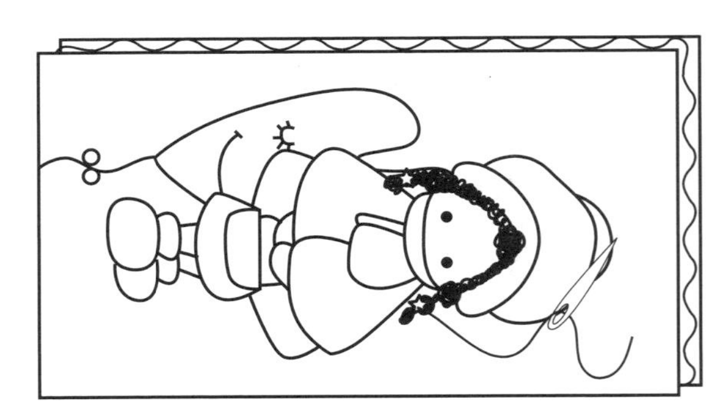

02 貼布縫完成的前表布與後表布，單獨完成表布＋鋪棉＋胚布三層壓線（壓線：圖形進行落針壓線，後背布可壓直紋、橫紋或圓形），並依圖示完成回針繡及縫上娃娃頭髮、造形釦。

03 依紙型裁剪前、後片裡布（18cm×11cm×2片）及布襯（18cm×10.3cm×2片），裡布燙上布襯，裡袋a×2片完成，裁剪另一片裡布（內袋隔層用（裡袋b）18cm×22cm）。

## 04

夾車拉鍊（拉鍊方向由左至右），先將有貼圖的前片表袋與一片裡袋a夾車拉鍊，夾車拉鍊時可使用水溶性雙面膠作為固定，單邊夾車完成後，修剪鋪棉縫份，翻至正面整燙，另一邊（沒貼圖的後片表袋）夾車拉鍊時，後片表袋與另一片裡袋a及b（裡袋b需先對摺完成，開口朝下，尺寸為18cm×10.7cm，圖案面朝上，將裡袋b置於後片表袋及裡袋a的中間，（夾車順序：後片表袋＋拉鍊＋裡袋b＋裡袋a）後片表袋及裡袋a圖案面朝內夾車拉鍊，拉鍊夾車完成，修剪鋪棉縫份，翻至正面整燙。

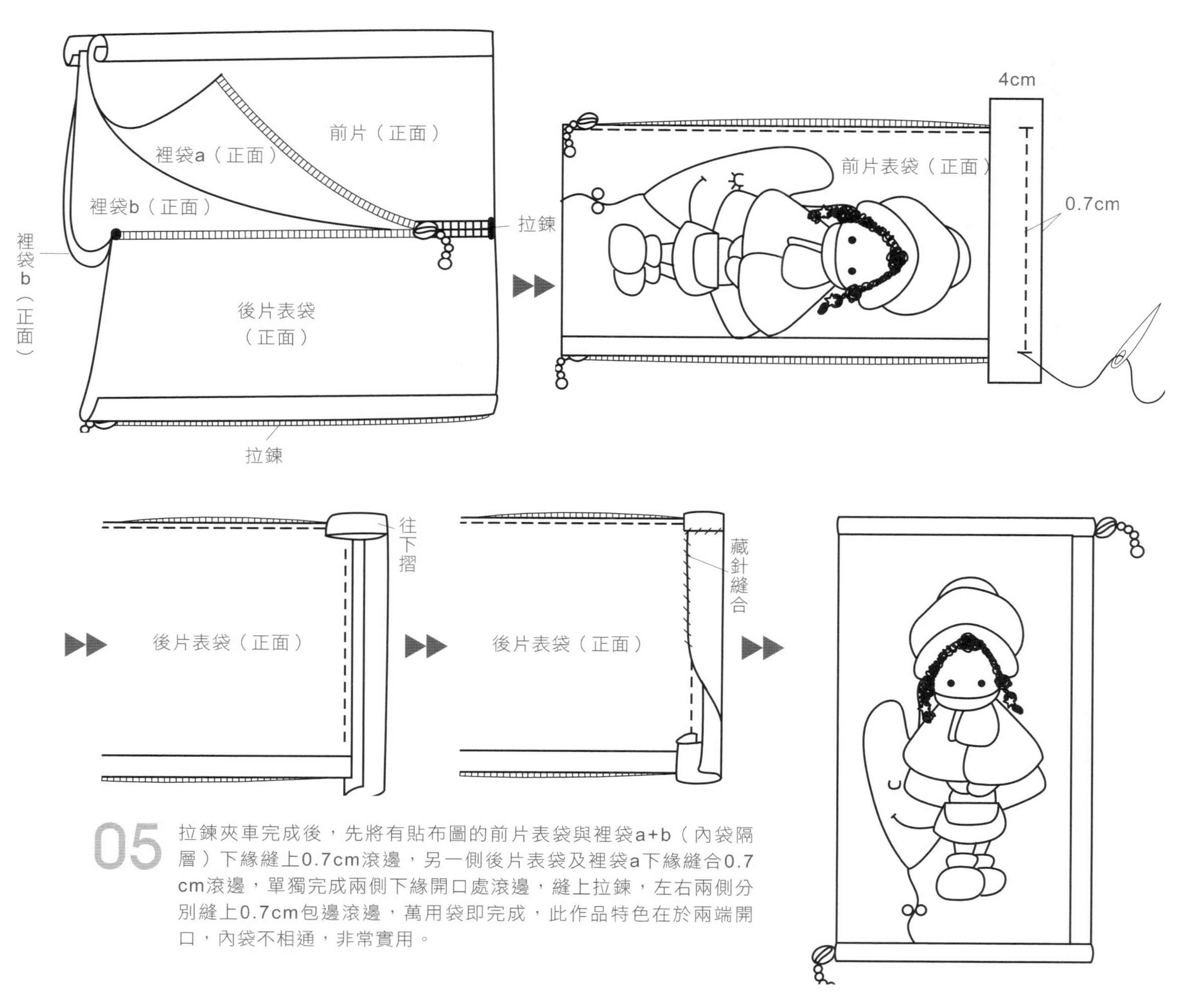


## 05

拉鍊夾車完成後，先將有貼布圖的前片表袋與裡袋a+b（內袋隔層）下緣縫上0.7cm滾邊，另一側後片表袋及裡袋a下緣縫合0.7cm滾邊，單獨完成兩側下緣開口處滾邊，縫上拉鍊，左右兩側分別縫上0.7cm包邊滾邊，萬用袋即完成，此作品特色在於兩端開口，內袋不相通，非常實用。

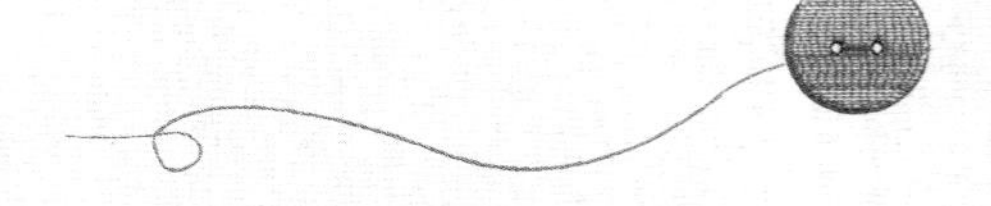


# 戴柚帽娃娃鑰匙零錢包 ★紙型D面

**完成尺寸**

15cm×11.5cm

**材　　料**

底布×1
貼布配色布數色
滾邊布×1
鋪棉×1
胚布×1
裡布×1
布襯×1
18cm拉鍊×1
鑰匙環×1
娃娃頭髮×1
繡線×2（咖啡色＋米白色）

★縫份説明：紙型為原尺寸，縫份已內含，不需外加。
貼布布片縫份外加。

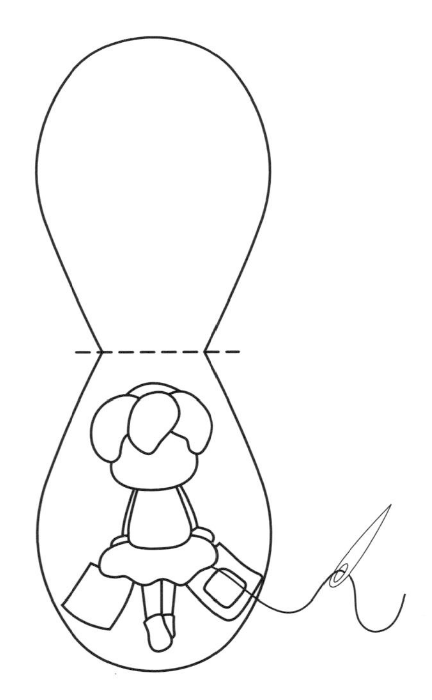

**01** 依紙型裁剪表布，表布依圖示貼布縫順序完成貼布縫。

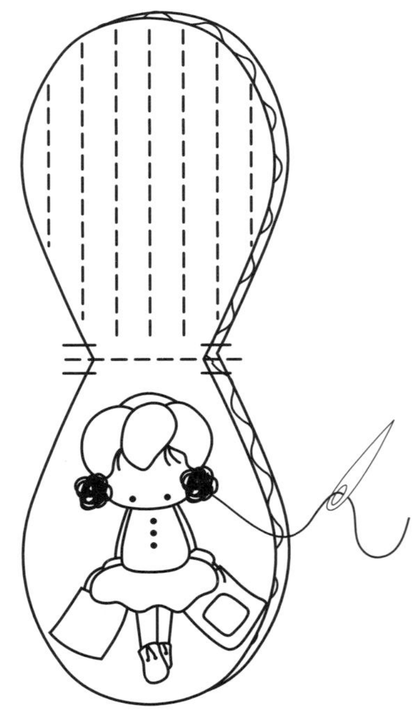

**02** 表布＋鋪棉＋胚布進行三層壓線，圖形部分進行落針壓線，後背可壓1cm直紋或橫紋，依圖示完成繡圖並縫上娃娃頭髮。

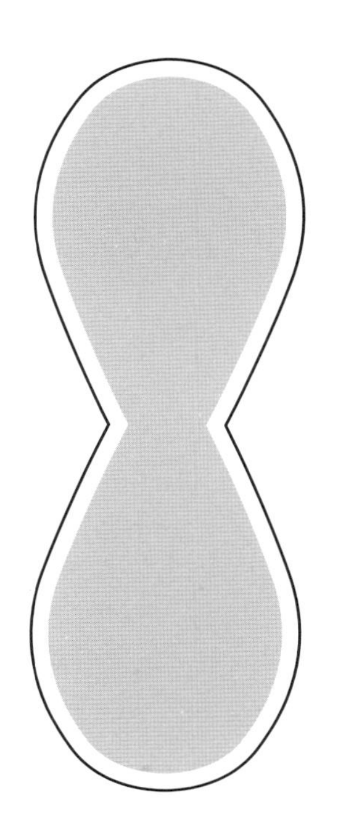

03 依圖示尺寸裁剪裡布及布襯，裡布燙上布襯。

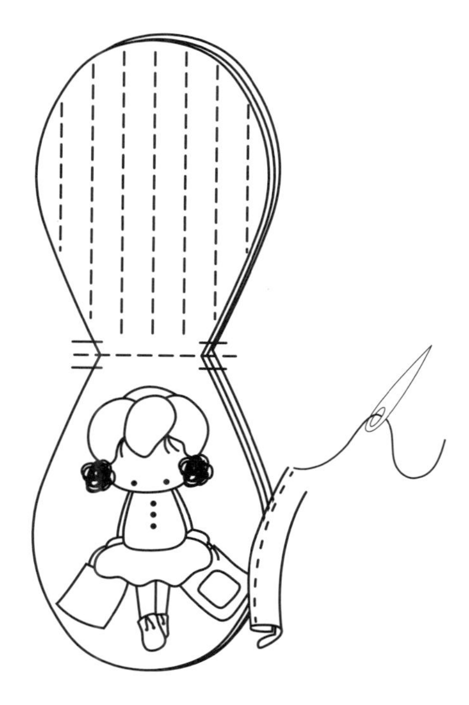

04 壓線完成的表布與燙上布襯的裡布背面相對，縫上0.7 cm滾邊（滾邊遇到轉角處時，剪牙口會比較順）。

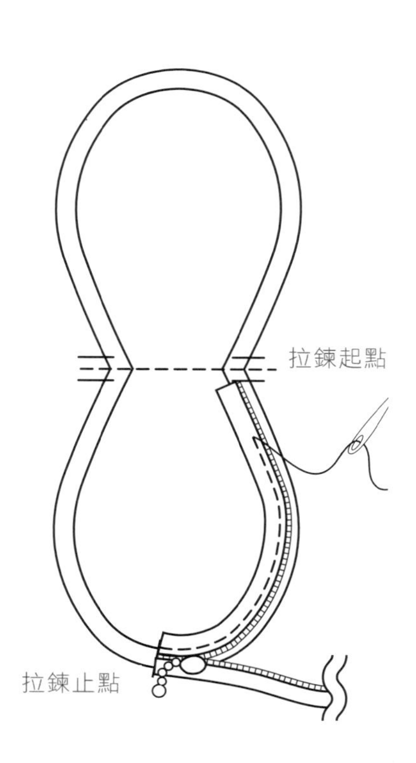


05 找出拉鍊起點及止點，縫上拉鍊。

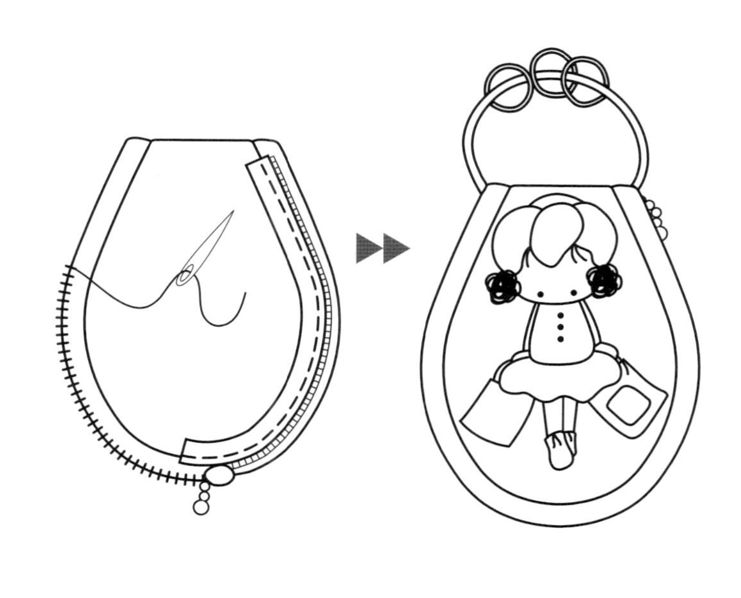

06 鑰匙包正面相對後，兩側以捲針縫縫至捲針止點，翻回正面，將鑰匙環置入，鑰匙零錢包即完成。

# P.23

## 甜點小廚娘肩背包 ★紙型C面

**完成尺寸**

20.8cm×25cm×23.7cm×10cm（底寬）

**材　料**

口袋貼圖表布×1
底身表布×1（前、後片）
側身布×1
貼布配色布數色
滾邊×1
鋪棉×1
胚布×1
裡布×1
布襯×1
拉鍊×2（20cm、30cm各1條）
45 cm提把×1組
繡線×2色（咖啡色+米白色）
造型釦×2

★縫份説明：滾邊縫份已含，其餘需外加，貼布布片縫份需外加。

**裁布圖** ★圖示數字尺寸單位為cm。

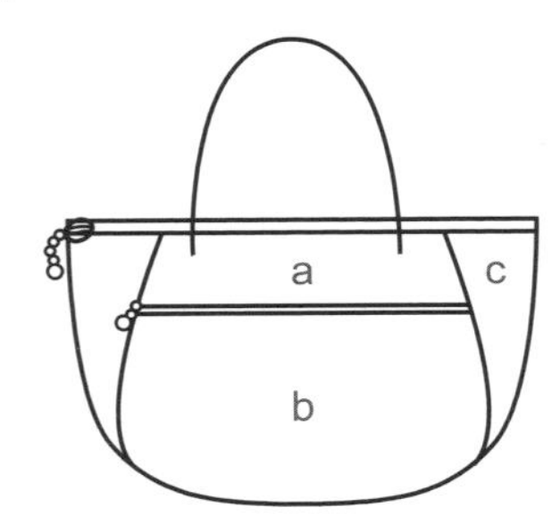


||

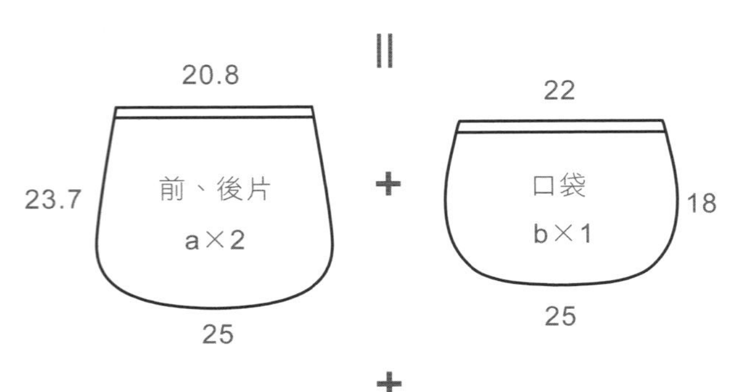

（含0.7cm滾邊縫份）

**01** 依紙型裁剪表布a（前、後片同一紙型，縫份外加）、口袋表布b、側身表布c，口袋表布b依圖示完成貼布縫圖案。

**02** 貼布完成的口袋表布b＋鋪棉＋裡布進行三層壓線（全圖進行落針壓線），依圖示完成繡圖並縫上造型釦，完成0.7cm滾邊。

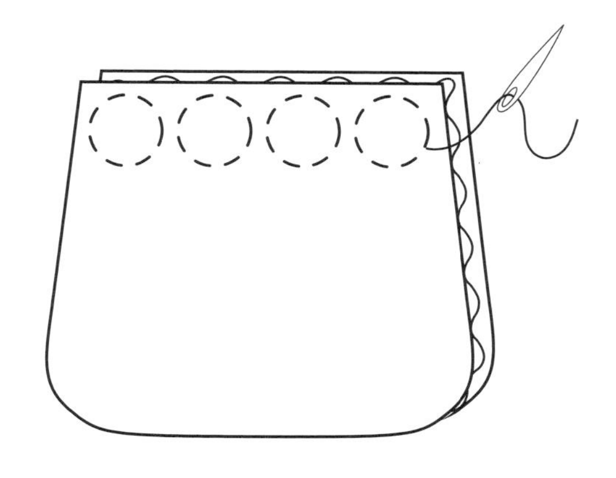

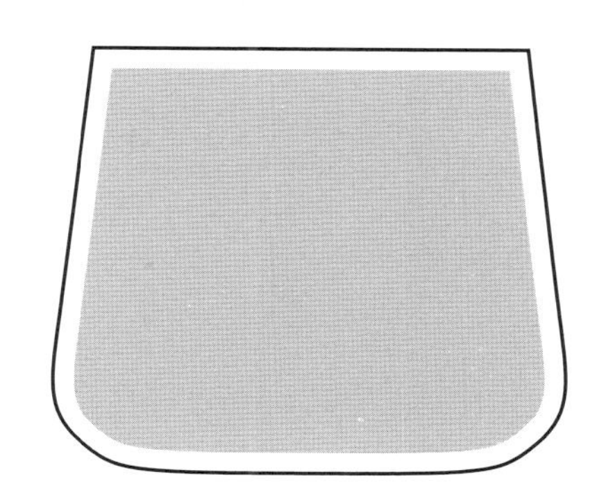

03 袋身表布a（前、後片）分別＋鋪棉＋胚布進行三層壓線，壓條紋或菱格或圓形。

04 依圖示尺寸裁剪側身表布，側身表布c＋鋪棉＋胚布進行三層壓線，可壓縫條紋或菱格圖案。

05 依紙型圖示尺寸裁袋身前、後片及側身的裡布及布襯（不留縫份），裡布分別燙上布襯。

06 口袋與前片袋身，完成拉鍊口袋縫製後成一個完整的前片袋身，四周疏縫固定一圈，前片袋身畫出中心線，接合側身，由中心點往左及往右縫合，後片也與側身接合成袋，組合成袋後，縫上0.7cm滾邊（整圈），並完成拉鍊縫製，畫出提把位置，縫上提把，裡袋作法與表袋相同，組合成袋後，將裡袋套入表袋中，裡袋縫份內摺，以藏針縫固定於拉鍊上即完成。

# P.24

## 萬聖節娃娃口金包 ★紙型B面

**完成尺寸**

28cm×20cm×8cm

**材　料**

表布a×1
表布b×2
表布c×1
荷葉邊布×1
貼布配色布數色
鋪棉×1
胚布×1
裡布×1
布襯×1
15 cm口金×1
繡線×1（咖啡色）
娃娃頭髮×1
造型釦×3

★縫份説明：貼布布片及拼接布片縫份外加

**裁布圖** ★圖示數字尺寸單位為cm。

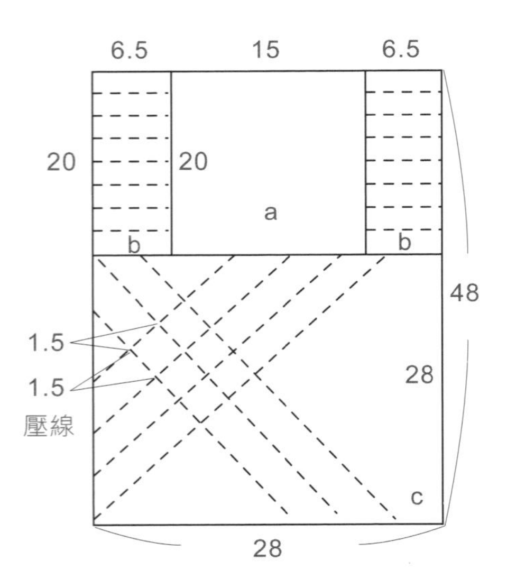

**01** 依紙型裁剪表布，表布a：15cm×20cm×1片，表布b：6.5cm×20cm×2片，表布c：28cm×28cm×1片，縫份需外加，及荷葉邊用布55cm×8.5cm×2條（已含縫份），布襯55cm×2.5cm×2條燙單邊，及貼布用布（縫份均外加），表布a依圖示貼布順序完成圖案，表布a＋b（左、右）＋c拼接成一整片表布A。

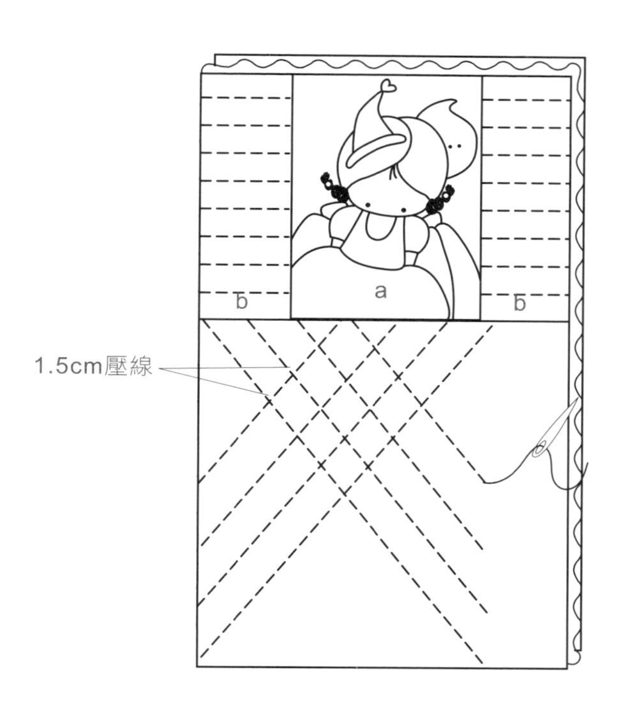


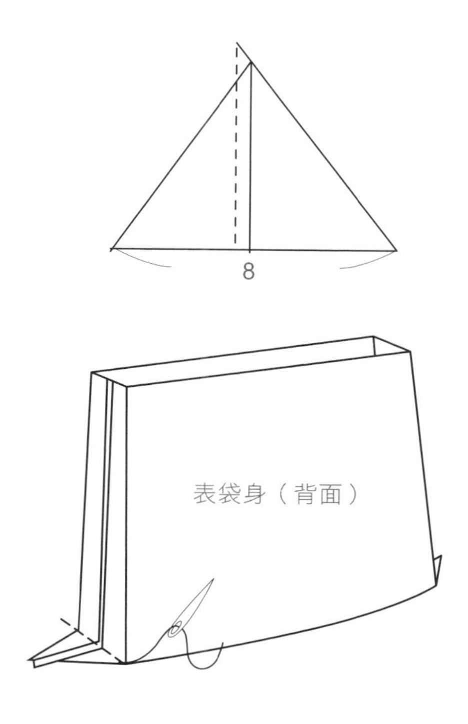


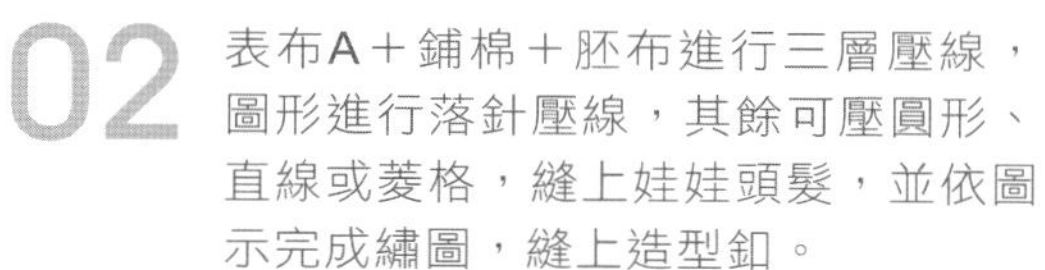

**02** 表布A＋鋪棉＋胚布進行三層壓線，圖形進行落針壓線，其餘可壓圓形、直線或菱格，縫上娃娃頭髮，並依圖示完成繡圖，縫上造型釦。

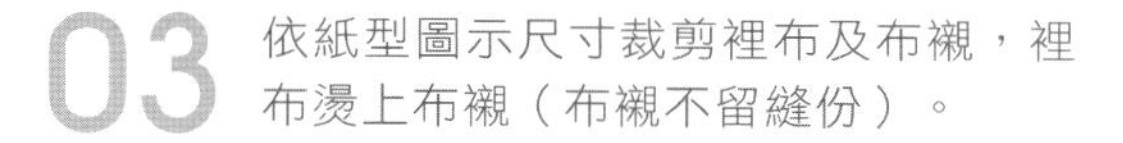

**03** 依紙型圖示尺寸裁剪裡布及布襯，裡布燙上布襯（布襯不留縫份）。

**04** 表袋組合成袋，車合8 cm三角底。

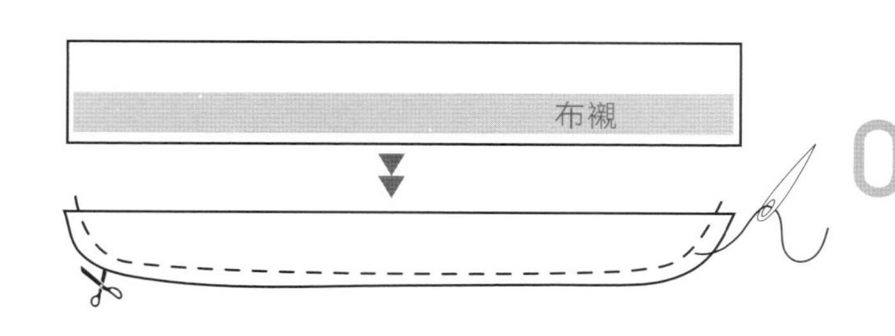


**05** 裁好的荷葉邊布燙上布襯（單邊），對摺燙平，左右順修些許弧度夾車荷葉邊會順些，開口向下0.5cm處進行縮縫。

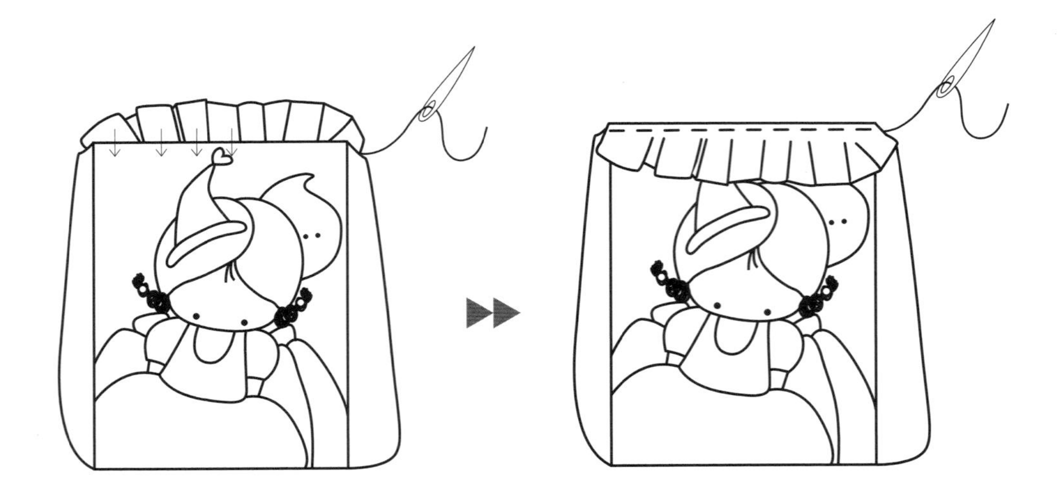

## 06

將組合成袋的表袋，兩側側身找出中心點，由側身中心點往左往右3cm處畫上荷葉邊縫製記號線，將縮縫好的荷葉邊縫合固定於袋口緣上。

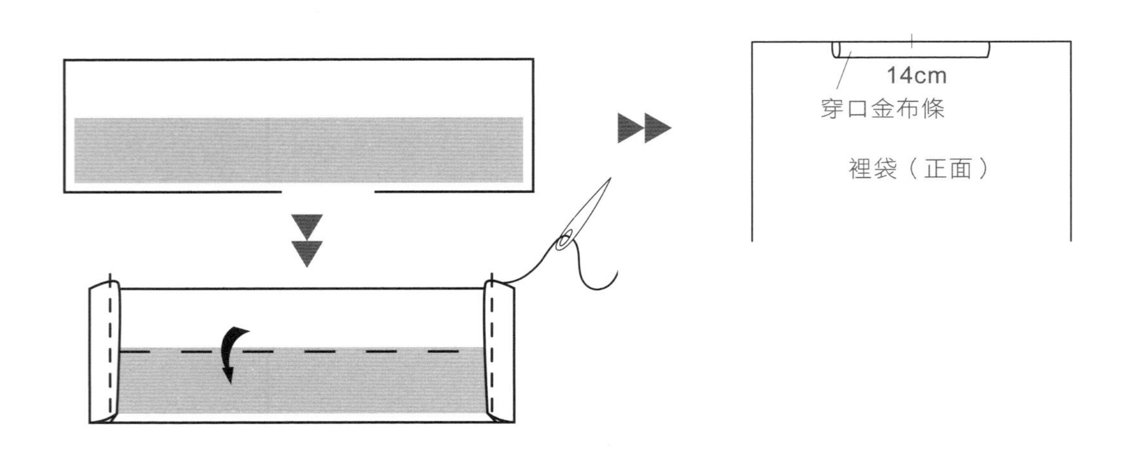


## 07

裁裡袋口金布條（用布與裡布相同），尺寸為17cm×5cm×2條（已含縫份），布襯14cm×1.3cm×2條，單邊燙上布襯後，兩側對摺0.7cm再對摺0.7cm，壓一道0.1cm裝飾線，對摺燙平（尺寸：14cm×2.5cm×2條）

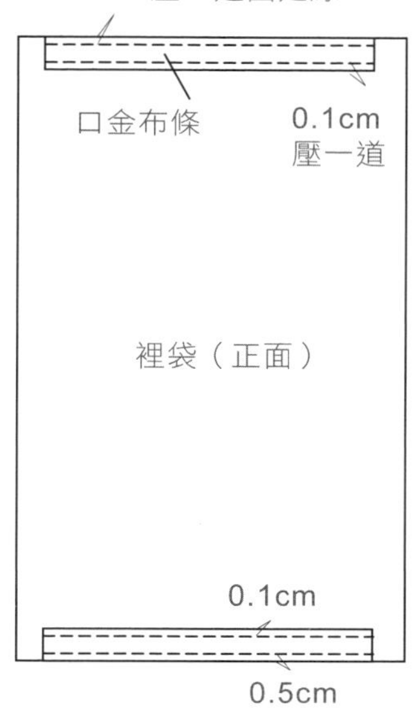


**08** 裡袋找出中心點，將對摺的口金布條開口向上，中心點對齊，上下各車合一道固定於裡袋上，前後作法一樣，再將裡袋組合成袋，側身需留10cm不縫合為返口，車合8cm三角底。

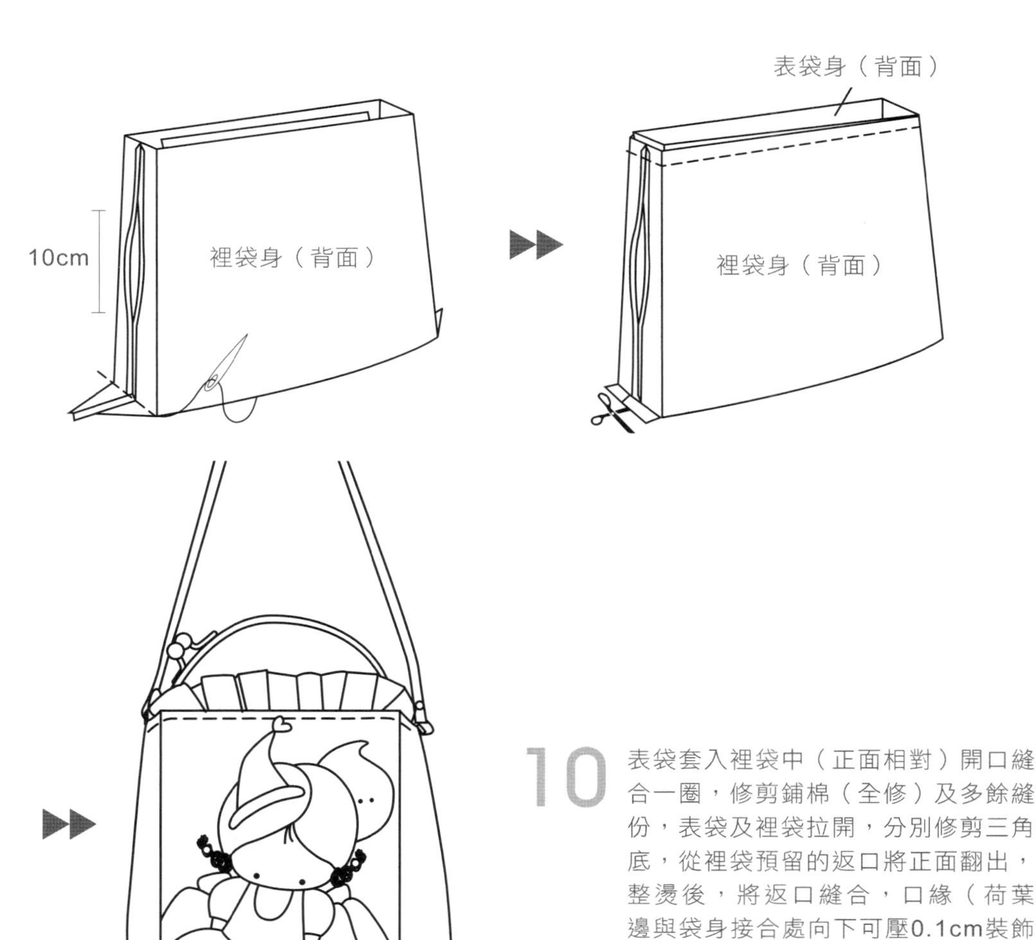


**10** 表袋套入裡袋中（正面相對）開口縫合一圈，修剪鋪棉（全修）及多餘縫份，表袋及裡袋拉開，分別修剪三角底，從裡袋預留的返口將正面翻出，整燙後，將返口縫合，口緣（荷葉邊與袋身接合處向下可壓0.1cm裝飾線），最後置入口金即完成。

※讀者可依個人需求在兩側加上扣耳，裝上背帶，即可作為側背使用。

# P.26

## 南瓜天使口金小提包 ★紙型B面

**完成尺寸**

16cm×25cm

**材　　料**

表布×2（前、後片）
貼布配色布數色
鋪棉×1
胚布×1
裡布×1
布襯×1
18cm M型口金×1
娃娃頭髮×1
繡線×1（黃色）
造型釦×2
20cm皮製小提把×1

★縫份説明：紙型未含縫份，需外加。

**01** 依紙型裁表布（前、後片同紙型、縫份外加）及各色貼縫布（縫份外加），再依圖示貼布縫順序完成表布圖案。

**02** 表布＋鋪棉＋胚布進行三層壓線（前、後片單獨完成），貼布部分全圖進行落針壓線，後背布壓線依喜好即可（壓圓形或線條），前、後表布壓線完成後，依圖示完成繡圖及縫上娃娃頭髮、造型釦，再依圖示完成袋身打褶縫製。

## 03

依紙型裁裡布（前、後片同紙型）及布襯（前、後片，布襯不留縫份），裡布燙上布襯，完成袋身打褶縫製。

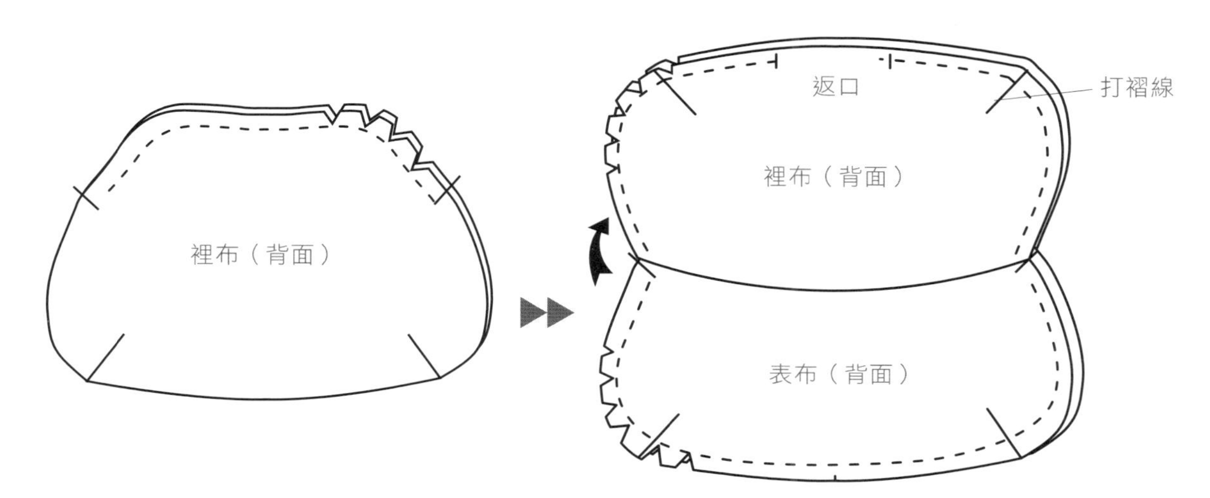


## 04

將前片壓線完成的表布與燙上布襯的裡布正面相對，弧度開口縫合止點至止點，後片表布與裡布作法相同，修剪縫份（鋪棉縫份全修掉），弧度部分剪牙口，攤開成一整片，前、後表袋正面相對組合袋身至止點，裡袋作法相同，正面相對組合袋身至止點，組合裡袋時，袋底需留8 cm不縫合當返口。

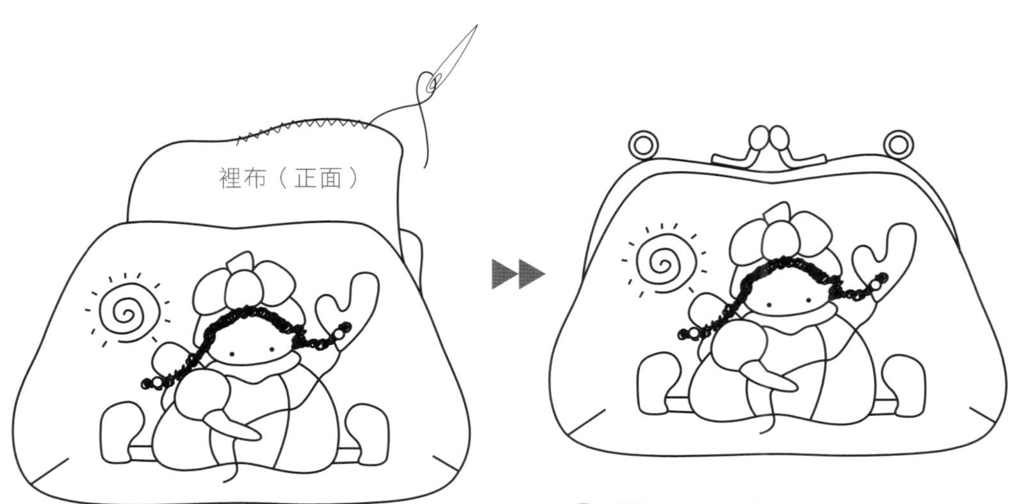


## 05

組合成袋後，修剪周圍縫份，鋪棉縫份全修掉，袋身弧度部份剪牙口，再從裡袋預留的返口將正面翻出，整燙後，再將返口以捲針縫縫合，縫上口金，勾上皮製小提把即完成。

★縫合口金作法請參考P.67示範

# P.28

## 南瓜精靈側背包 ★紙型B面

**完成尺寸**

35cm×25cm×13cm（底寬）

**材　料**

| | |
|---|---|
| 前表布×1 | 裡布×1 |
| 後表布×1 | 布襯×1 |
| 袋底表布×1 | 裝飾釦×9 |
| 口布×1 | 娃娃頭髮15cm×1 |
| 貼布配色布數色 | 拉鍊皮片×2 |
| 鋪棉×1 | 35 cm拉鍊×1 |
| 胚布×1 | 45 cm提把×1組 |

★縫份説明：紙型為完成尺寸，縫份需外加，貼布布片縫份需外加。

01 依紙型裁剪前、後片表布（同尺寸圖）、袋底布，各色貼布布片，縫份均外加，依圖示貼布縫順序完成前片表布圖案。

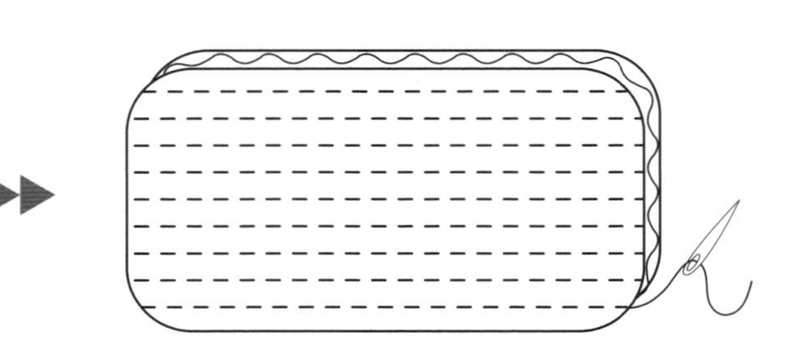

02 前、後、袋底表布單獨＋鋪棉＋胚布進行三層壓線，貼布圖形部分全圖進行落針壓線，其餘依圖示，後片可壓圓形直紋或橫紋，前片表布壓線完成後，依圖示縫上各式造型釦及娃娃頭髮。

03 依紙型裁剪裡布（前、後、袋底縫份外加）及布襯（縫份外加），裡布並燙上布襯。

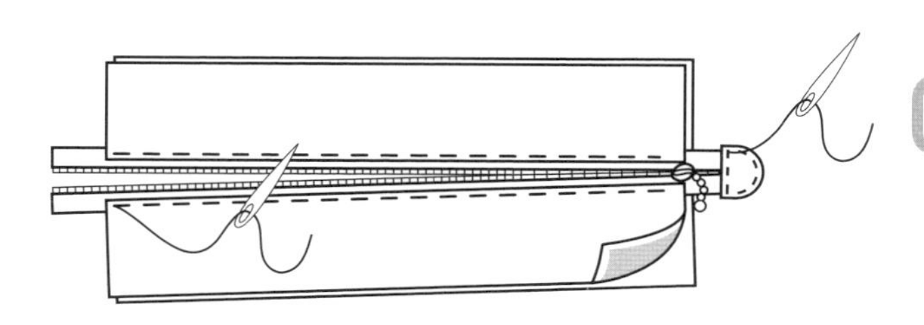

04 裁剪口布表布（5cm×29cm×2，已含縫份）、裡布（5cm×29cm×2，已含縫份）、布襯（3.5cm×27cm×2），將表布及裡布分別燙上布襯，找出中心點，完成口布拉鍊，拉鍊前後分別縫上皮片做裝飾。

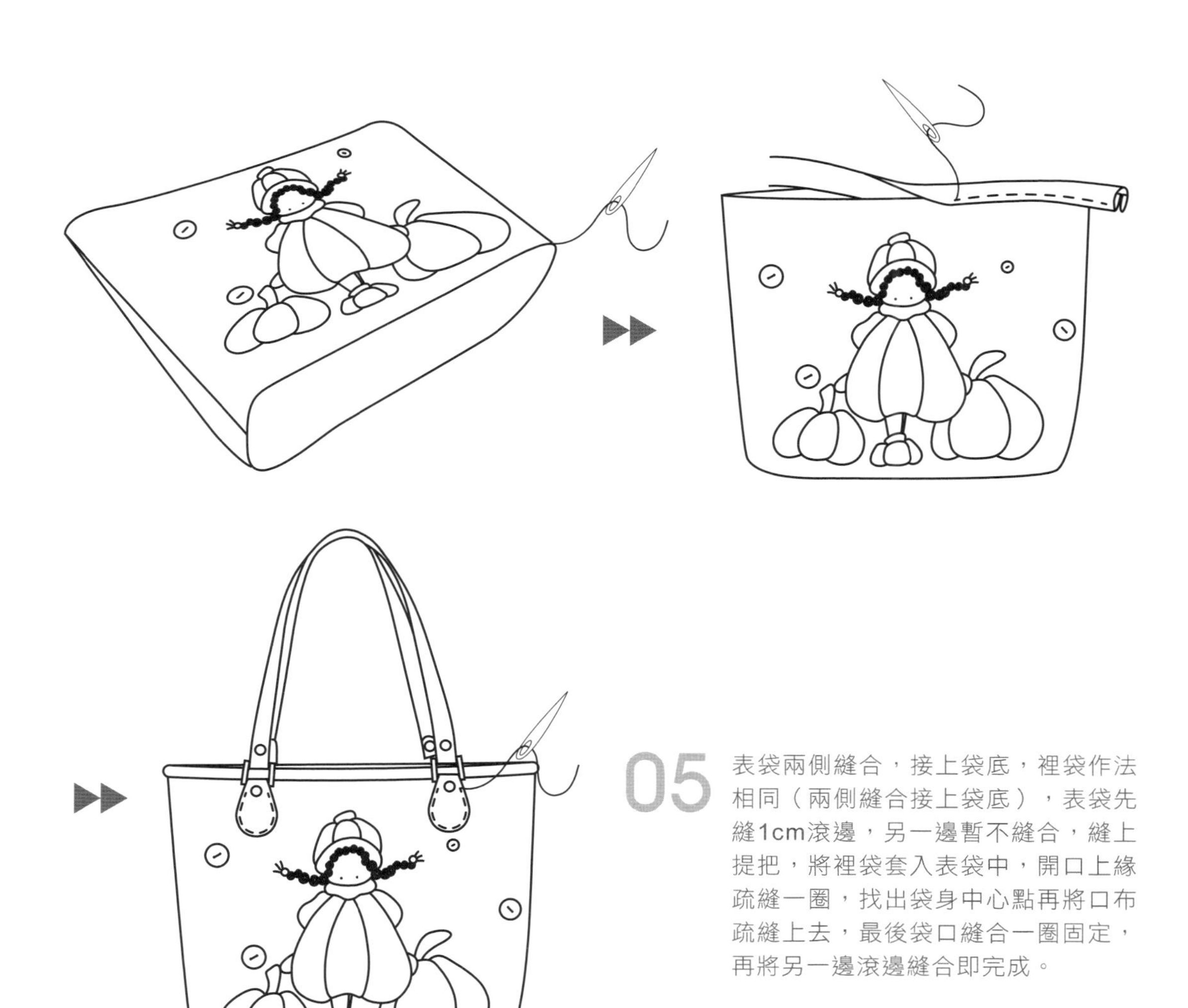

05 表袋兩側縫合，接上袋底，裡袋作法相同（兩側縫合接上袋底），表袋先縫1cm滾邊，另一邊暫不縫合，縫上提把，將裡袋套入表袋中，開口上緣疏縫一圈，找出袋身中心點再將口布疏縫上去，最後袋口縫合一圈固定，再將另一邊滾邊縫合即完成。

# P.31

## 賀歲娃娃平板電腦包 ★紙型C面

**完成尺寸**

26.5cm×22cm

**材　料**

底布×1（前、後片）
貼布配色布數色
滾邊布×1
鋪棉×1
胚布×1
裡布×1
布襯×1
繡線×1（咖啡色）
30cm拉鍊×1
娃娃頭髮×1
20cm小提把×1組
裝飾小釦×2
皮製小吊飾×1

★縫份説明：紙型已含滾邊縫份，貼布布片縫份需外加。

**01** 依紙型裁剪表布（前、後片紙型相同）各1片，前片表布依圖示貼布縫順序完成圖案。

**02** 表布＋鋪棉＋胚布（前、後單獨完成）進行三層壓線（前表布全圖形進行落針壓線，其餘可壓圓形）完成繡圖及縫上娃娃頭髮，造型釦，後表布可依個人喜好壓縫直紋、斜紋或菱格）。

**03** 依圖示尺寸裁剪裡布（前片、後片）及布襯（前片、後片），裡布燙上布襯。

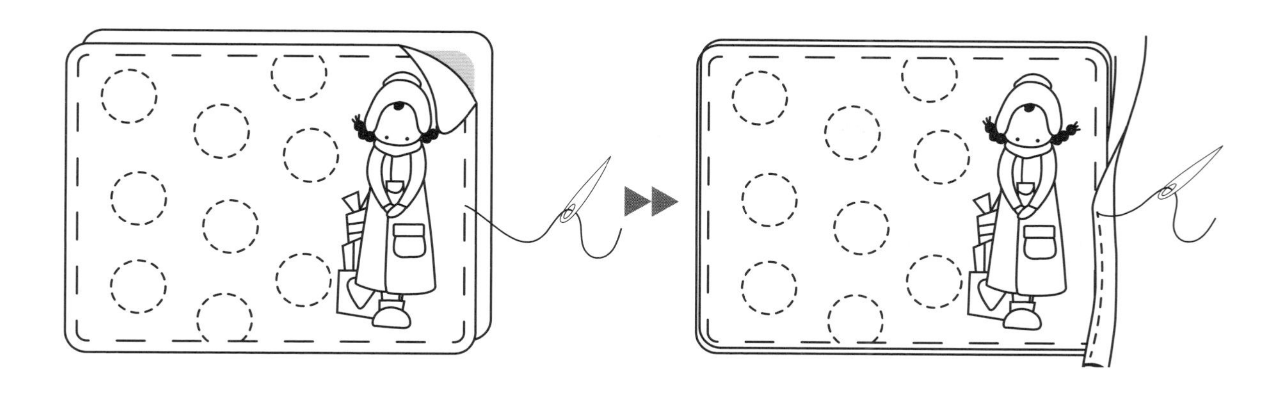

04 壓線完成的表布（前、後片）與燙上布襯的裡布（前、後片），背面相對周圍疏縫一圈，完成0.7cm滾邊（前、後片單獨完成）。

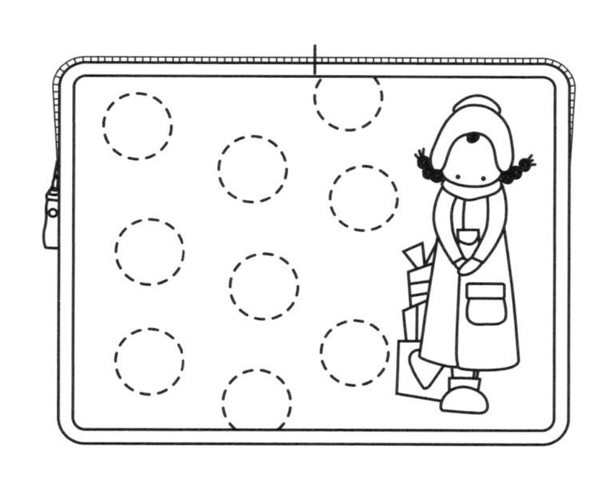

05 滾邊完成的前、後片找出拉鍊起止點，縫上拉鍊（拉鍊畫出中心點與表袋中心點對齊後往左、往右縫），拉鍊頭勾上皮製小吊飾。

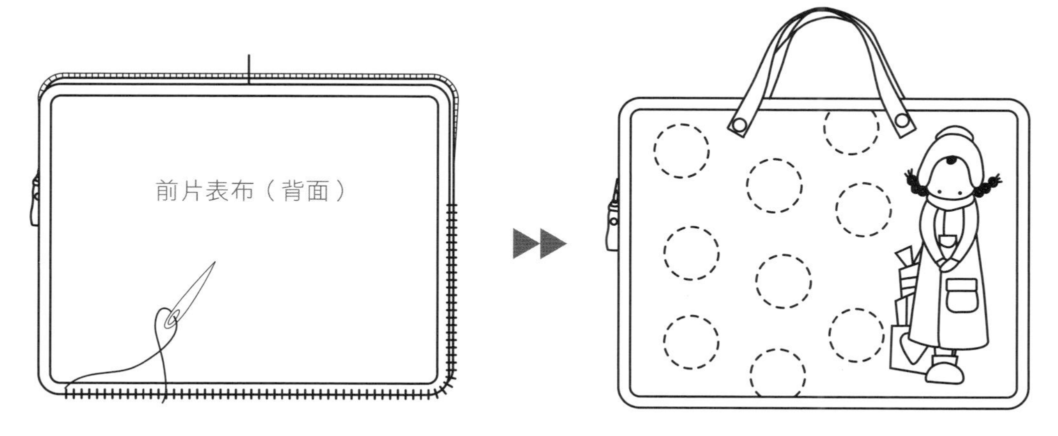


06 前、後表布正面相對兩側以捲針縫縫至止點，再由拉鍊口處翻出正面，依圖示畫出提把位置，釘上或縫上小提把即完成。

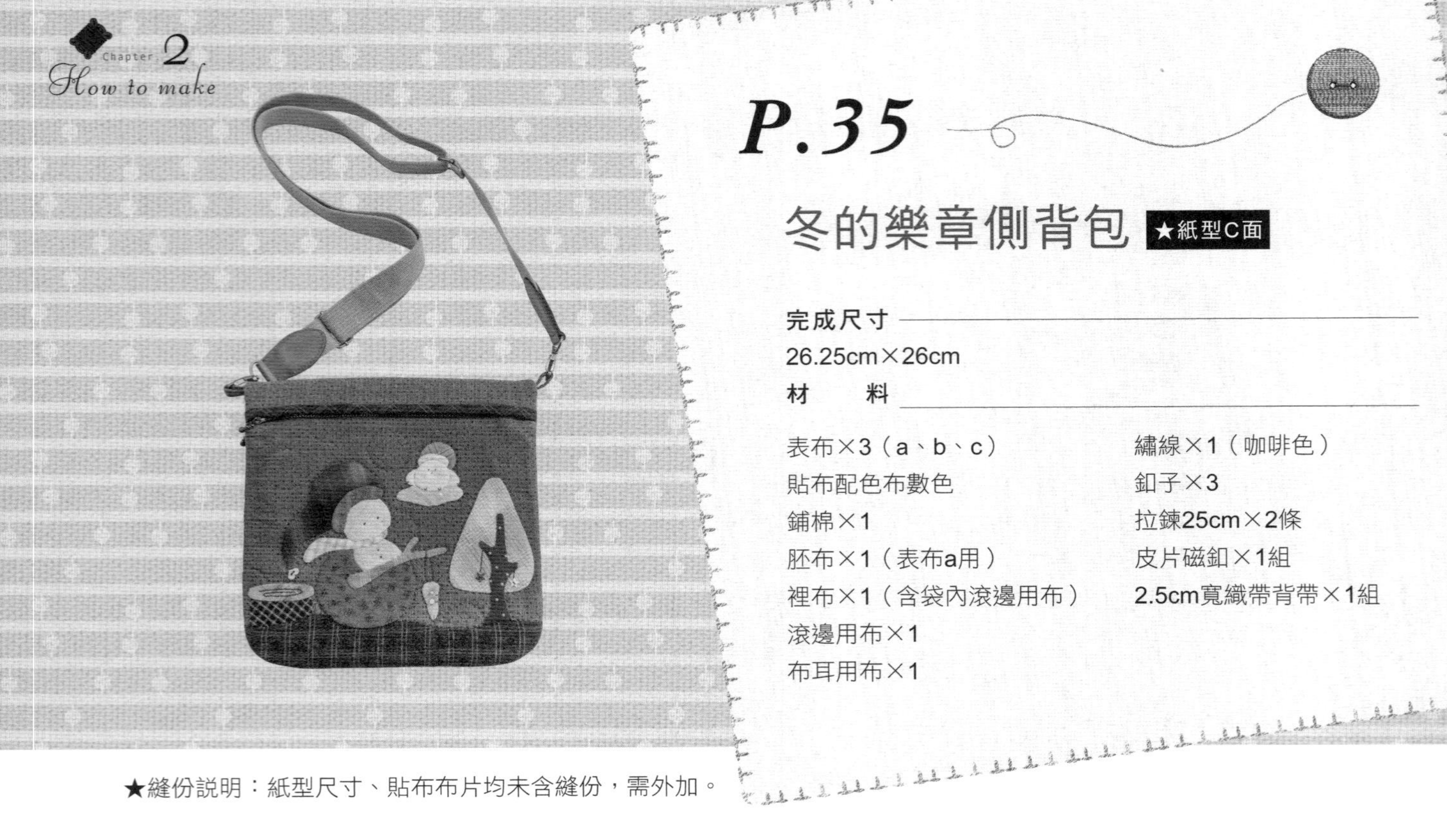

# P.35

## 冬的樂章側背包 ★紙型C面

**完成尺寸**

26.25cm×26cm

**材　　料**

表布×3（a、b、c）
貼布配色布數色
鋪棉×1
胚布×1（表布a用）
裡布×1（含袋內滾邊用布）
滾邊用布×1
布耳用布×1
繡線×1（咖啡色）
釦子×3
拉鍊25cm×2條
皮片磁釦×1組
2.5cm寬織帶背帶×1組

★縫份説明：紙型尺寸、貼布布片均未含縫份，需外加。

**裁布圖** ★圖示數字尺寸單位為cm。

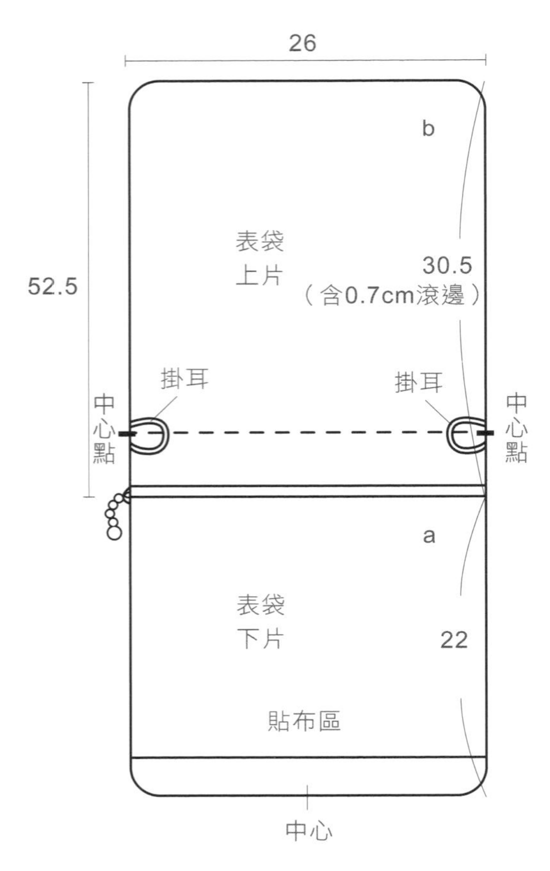


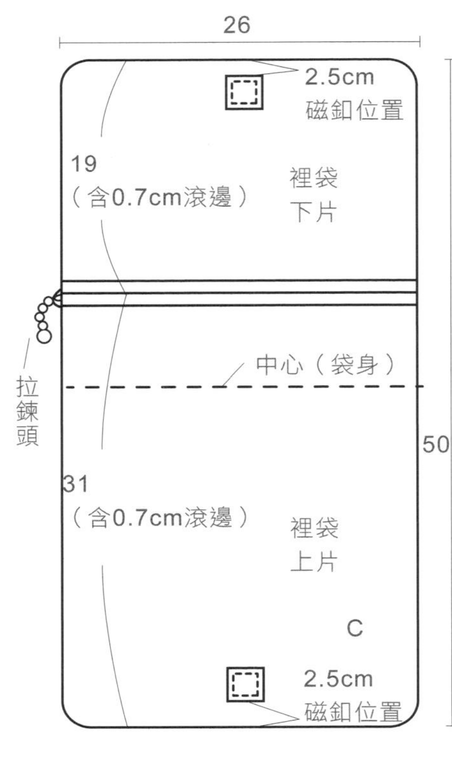

**01** 依紙型裁剪表布（a：22cm×26cm、b：30.5cm×26cm、c：50cm×26cm，縫份均外加）尺寸含滾邊縫份，其餘縫份均需外加，表布a依圖示以貼布縫完成圖案。

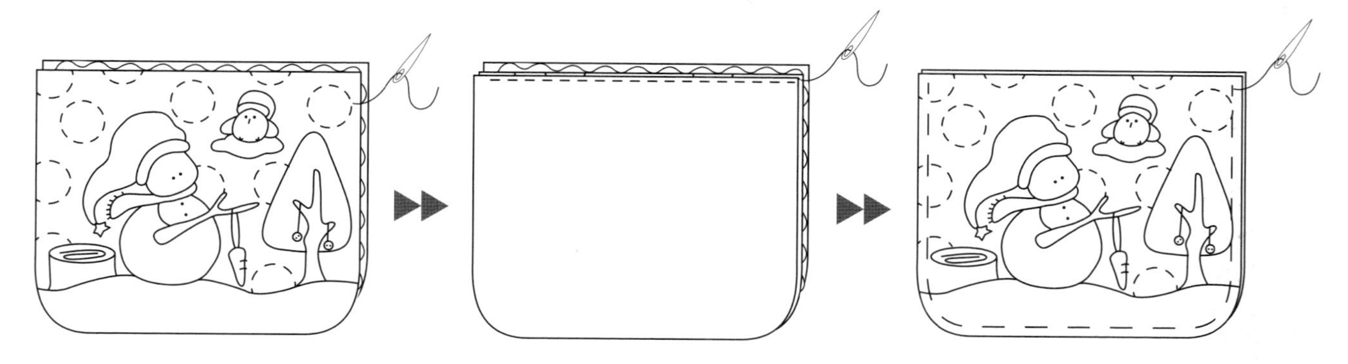

02 貼布完成的表布a＋鋪棉＋胚布三層壓線，圖形全圖進行落針壓線，依圖示完成繡圖，縫上造型釦，裁剪裡布1片（22cm×26cm，縫份外加），與貼圖壓線完成的表布a正面相對，上緣縫份車合，修剪鋪棉縫份（全修）正面翻出，四周疏縫暫時固定，依表布b、c尺寸裁好裡布及鋪棉（縫份外加），表布b、c分別與鋪棉＋裡布進行三層壓線，以直紋、橫紋、菱格或圓形、波浪圖案，依個人喜好完成壓線。

**布耳製作**

03 壓線完成的表布b，單邊滾上0.7cm滾邊，與表布a完成拉鍊組合，拉鍊組合完成為一長片表布，完成尺寸為52.5cm×26cm（縫份外加）為表袋，畫出左及右側的中心點，將製作完成的布耳先固定在位置上。

布耳製作：裁滾邊布長15cm×4cm，兩側對摺再對摺，壓縫一道0.1cm記號線，完成尺寸為1cm×6cm 2片。

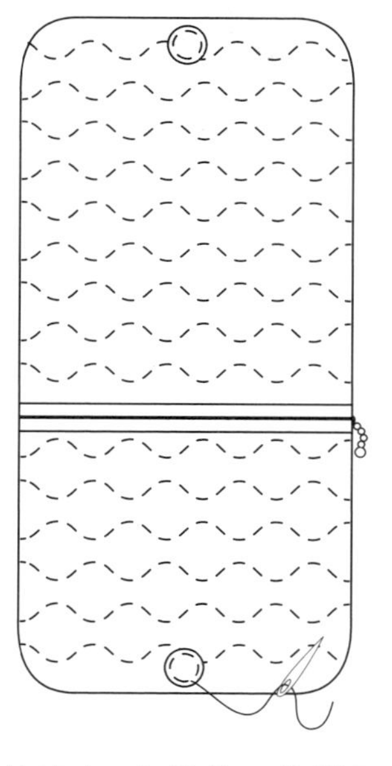

04 壓線完成的表布c為裡袋，依圖示尺寸，裁剪成2片（尺寸分別為19cm×26cm及31cm×26cm，滾邊縫份已含，袋身縫份需外加），2片單邊分別縫合0.7cm滾邊，滾邊部分完成拉鍊組合，畫出磁釦位置記號線，將皮製磁釦縫上，另外裁剪2片四方布（與裡布用布相同），將縫份內摺以貼布縫縫於裡布上，可遮住磁釦縫線。

05 將裡布裁剪多條，作用內滾邊用布，表袋及裡袋正面相對（表袋上需對裡袋下，表袋下需對裡袋上），四周縫合一圈，縫合時加上裡布滾邊一起縫合，完成後修剪鋪棉縫份（全修掉），並將另一側滾邊縫合，裡部包邊完成，至拉鍊開口處將正面翻出，畫出袋身中心線，可採車合一道或以平針縫手縫中心線，因為包包有點厚度，建議可採上下針縫合，完成後再勾上背帶，側背包即完成。

# P.36

## 公主與熊寶貝直立式筆袋 ★紙型C面

**完成尺寸**
18.5cm×20cm×7cm（底寬）

**材　　料**

表布×1
袋底布×1
檔布×1
貼布配色布數色
滾邊布×1
鋪棉×1
胚布×1
裡布×1
布襯×1
25 cm拉鍊×1
繡線×1（咖啡色）
娃娃頭髮×1
小立釦×3
皮片×1
皮製吊飾×1

★縫份說明：紙型含滾邊縫份，其餘縫份均需外加。

**01** 依紙型裁剪表布及各色貼布縫用布（縫份外加），表布依貼布縫順序完成圖案，表布＋鋪棉＋胚布進行三層壓線，圖形外框進行落針壓線，其餘可自依喜好，縫上娃娃頭髮及造型釦，依圖示完成繡圖。

**02** 依紙型裁剪裡布及布襯，裡布燙上布襯。

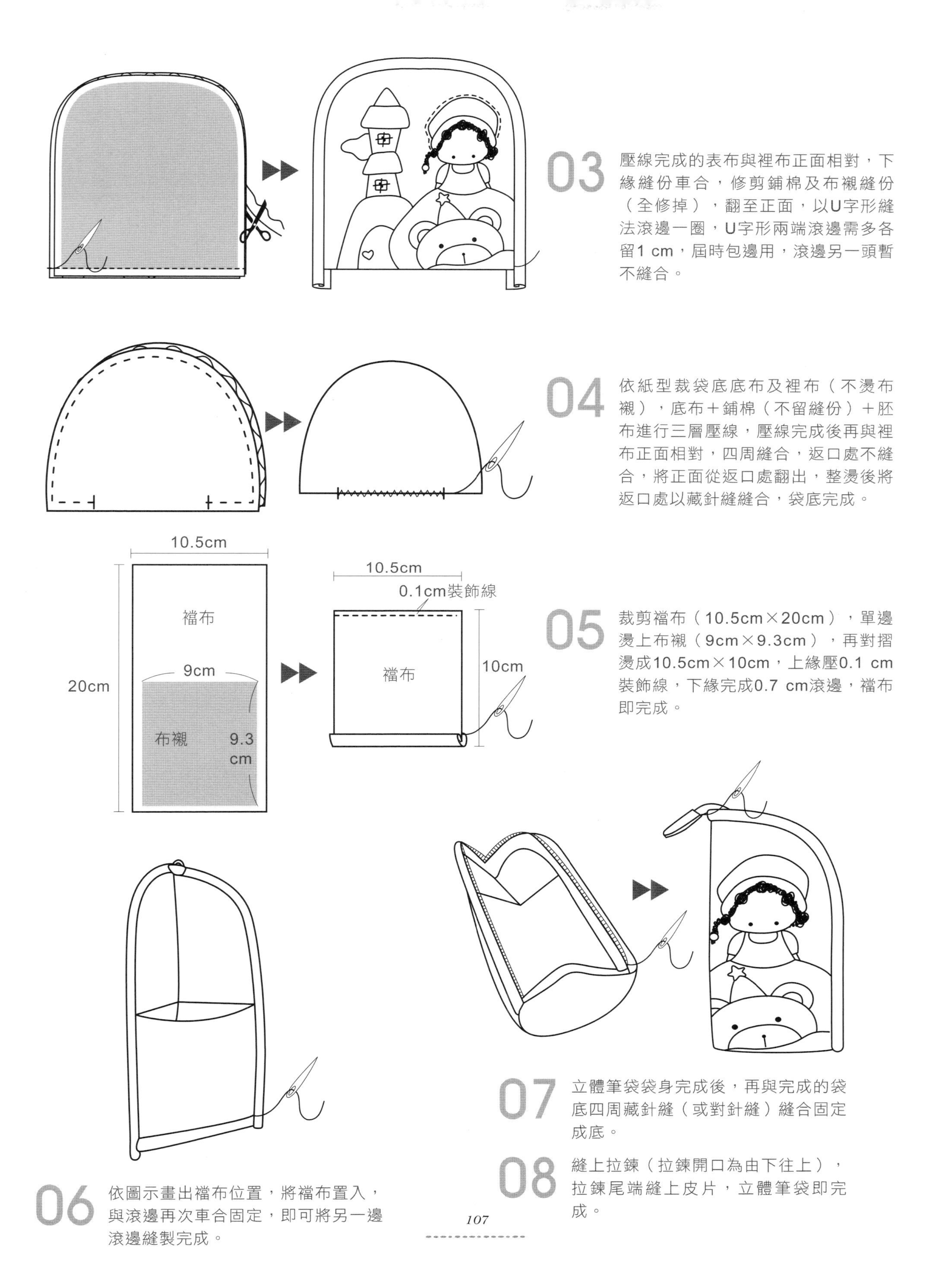


**03** 壓線完成的表布與裡布正面相對，下緣縫份車合，修剪鋪棉及布襯縫份（全修掉），翻至正面，以U字形縫法滾邊一圈，U字形兩端滾邊需多各留1 cm，屆時包邊用，滾邊另一頭暫不縫合。

**04** 依紙型裁袋底底布及裡布（不燙布襯），底布＋鋪棉（不留縫份）＋胚布進行三層壓線，壓線完成後再與裡布正面相對，四周縫合，返口處不縫合，將正面從返口處翻出，整燙後將返口處以藏針縫縫合，袋底完成。

**05** 裁剪襠布（10.5cm×20cm），單邊燙上布襯（9cm×9.3cm），再對摺燙成10.5cm×10cm，上緣壓0.1 cm裝飾線，下緣完成0.7 cm滾邊，襠布即完成。

**06** 依圖示畫出襠布位置，將襠布置入，與滾邊再次車合固定，即可將另一邊滾邊縫製完成。

**07** 立體筆袋袋身完成後，再與完成的袋底四周藏針縫（或對針縫）縫合固定成底。

**08** 縫上拉鍊（拉鍊開口為由下往上），拉鍊尾端縫上皮片，立體筆袋即完成。

# P.38

## 來自星星的祝福束口袋 ★紙型C面

**完成尺寸**

14cm×15.5cm

**材　料**

表布×1（前、後片）
口布×1
貼布配色布數色
鋪棉×1
胚布×1
裡布×1
布襯×1
繡線×1（咖啡色）
小釦子×2
娃娃頭髮×1
皮繩×1（90cm×1）
木珠×2顆

★縫份説明：紙型為完成尺寸，縫份需外加，貼布片縫份亦需外加。

01 依紙型裁剪表布（前、後片縫分外相）及各色貼布片（縫份外加）。

02 依貼布縫順序完成前片表布圖案。

03 表布（前、後片單獨）＋鋪棉＋胚布進行三層壓線，完成繡圖，縫上造形釦及娃娃頭髮。

04 裡布依圖示尺寸裁好前、後片並燙上布襯（布襯不留縫份）。

**製作口布**

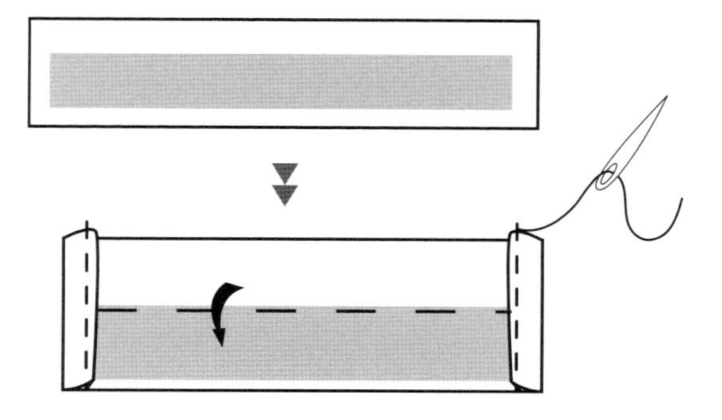

表袋身（背面）

05 裁剪口布用布及布襯，（口布15cm×4.5cm×2片），布襯12cm×1.5cm×2片。

06 口布兩側縫份內摺（摺0.7cm再摺0.7cm），兩側壓裝飾線約0.1cm，對摺成12cm×2.2cm×2片（已含縫份）。

07 將完成的口布，開口朝上，分別固定於前、後表袋（正面）口緣處，表袋及裡袋單獨組合成袋，開口處不縫合。

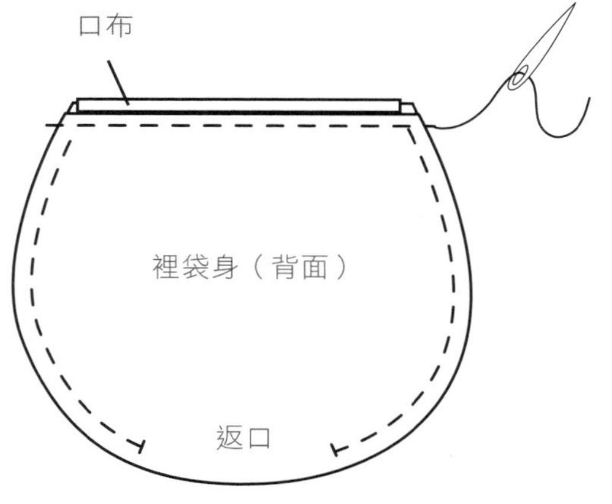


08 表袋套入裡袋中，表袋＋口布＋裡袋，三層夾車口緣一圈，裡袋袋底需預留8cm不縫合作為返口。

09 修剪縫份（鋪棉全修掉），從裡袋預留的返口將正面翻出，整燙後，裡袋返口縫合，口緣（口布與袋身接合處）向下可壓0.1cm裝飾線，建議採手縫壓0.1cm裝飾線。

10 皮繩45cm×2條，1條採左進左出，另一條則由右進右出，兩側分別有兩條繩，穿進木珠小孔後再打結，另一側作法相同，束口袋即完成。

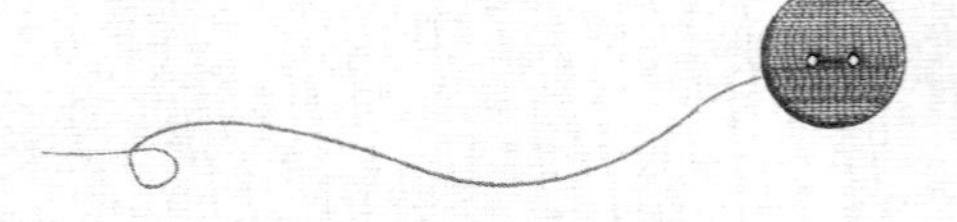

# P.40

## 幸福烘焙娃娃隔熱套 ★紙型C面

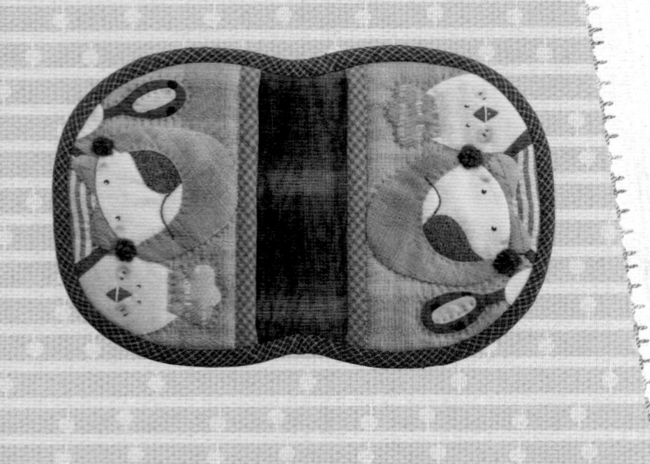

**完成尺寸**

24.5cm×16cm（最寬）

**材　　料**

全表布×1（a）
口袋表布×2（b、c）
貼布配色布數色
鋪棉×1
裡布×1
娃娃頭髮×1
繡線×2（米白色＋咖啡色）
滾邊用布×2色（含掛耳布）

★縫份說明：紙型為完成尺寸，滾邊縫份已含。
貼布布片縫份外加

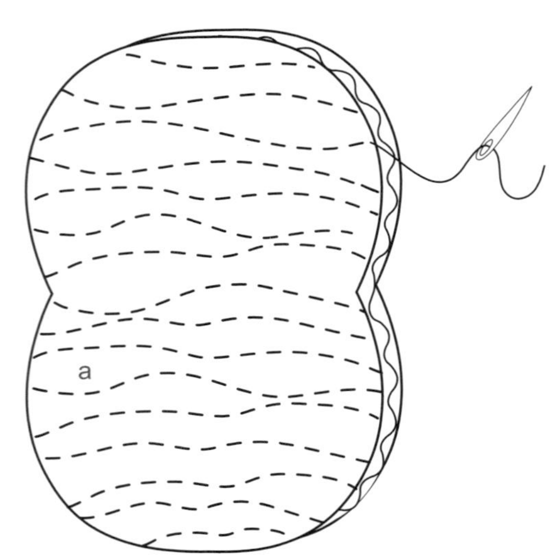


b、c同紙型

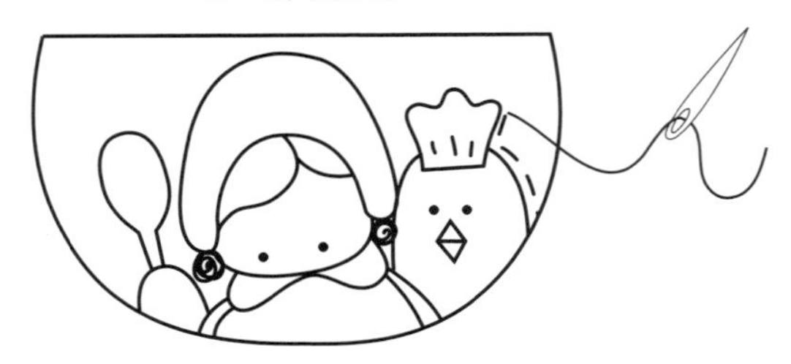

**01** 依紙型裁剪全表布a×1，裁裡布a×1，裁鋪棉a×1，表布a＋鋪棉＋裡布進行三層壓線，壓線圖示參考紙型示意圖。

**02** 依紙型裁口袋表布b、c 各×1，裁裡布b、c 各×1，裁鋪棉b、c 各×1，及各色貼布縫用布×2（b、c用），口袋表布b、c，分別依圖示完成表布貼布縫圖案，口袋表布b＋鋪棉＋裡布進行三層壓線（口袋表布c的作法與口袋表布b相同）圖形全圖進行落針壓線。

03 完成壓線的口袋表布b、c，上緣單獨完成0.7cm滾邊。

04 壓線完成的表布a，畫出口袋表布b、c的位置，將口袋置上，四周疏縫一圈暫時固定。

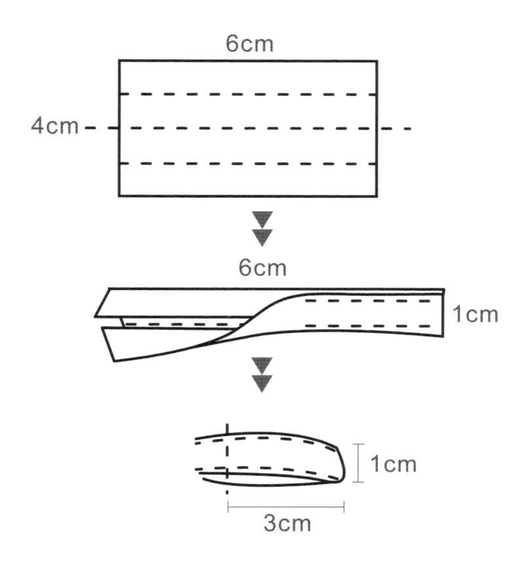


05 製作掛耳布，裁剪4cm×6cm掛耳布，兩側內摺再對摺成1cm×6cm，壓一道0.1cm裝飾線，

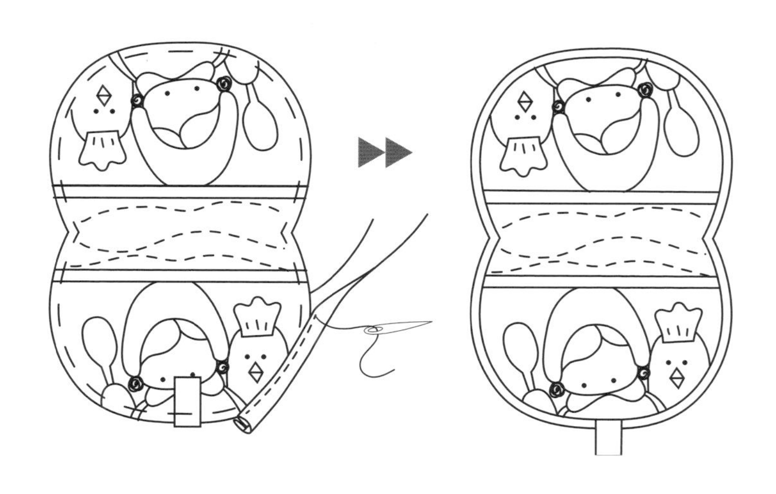

06 畫出掛耳位置，並將掛耳對摺成1cm×3cm，依圖示位置暫時縫合固定。完成外圈整圈滾邊縫製，隔熱套完成。

# P.42

## 塗鴨娃娃隔熱杯套 ★紙型D面

**完成尺寸**

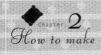

14cm（上緣）×12cm（下緣）×8.5cm（高）

**材　　料**

底布（前片×3
後片×1）
貼布配色布數色
鋪棉×1
裡布×1
滾邊×1
繡線×1（咖啡色）
小釦子×2

★縫份説明：紙型已含滾邊縫份，貼布布片縫份需外加。

**01** 依紙型裁剪表布（前片×3色，後片×1色），前、後片紙型相同，前片3色拼接成一整片，再依圖示完成表布圖案。

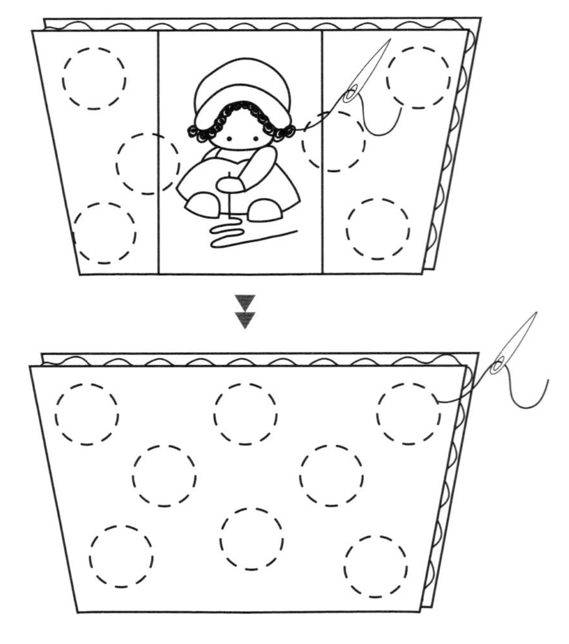

**02** 表布（前、後片）分別＋鋪棉＋裡布進行三層壓線，貼布圖形全圖進行落針壓線，其他地方可壓直紋、橫紋形或圓形，依圖示縫上娃娃頭髮及小釦子，完成繡圖。

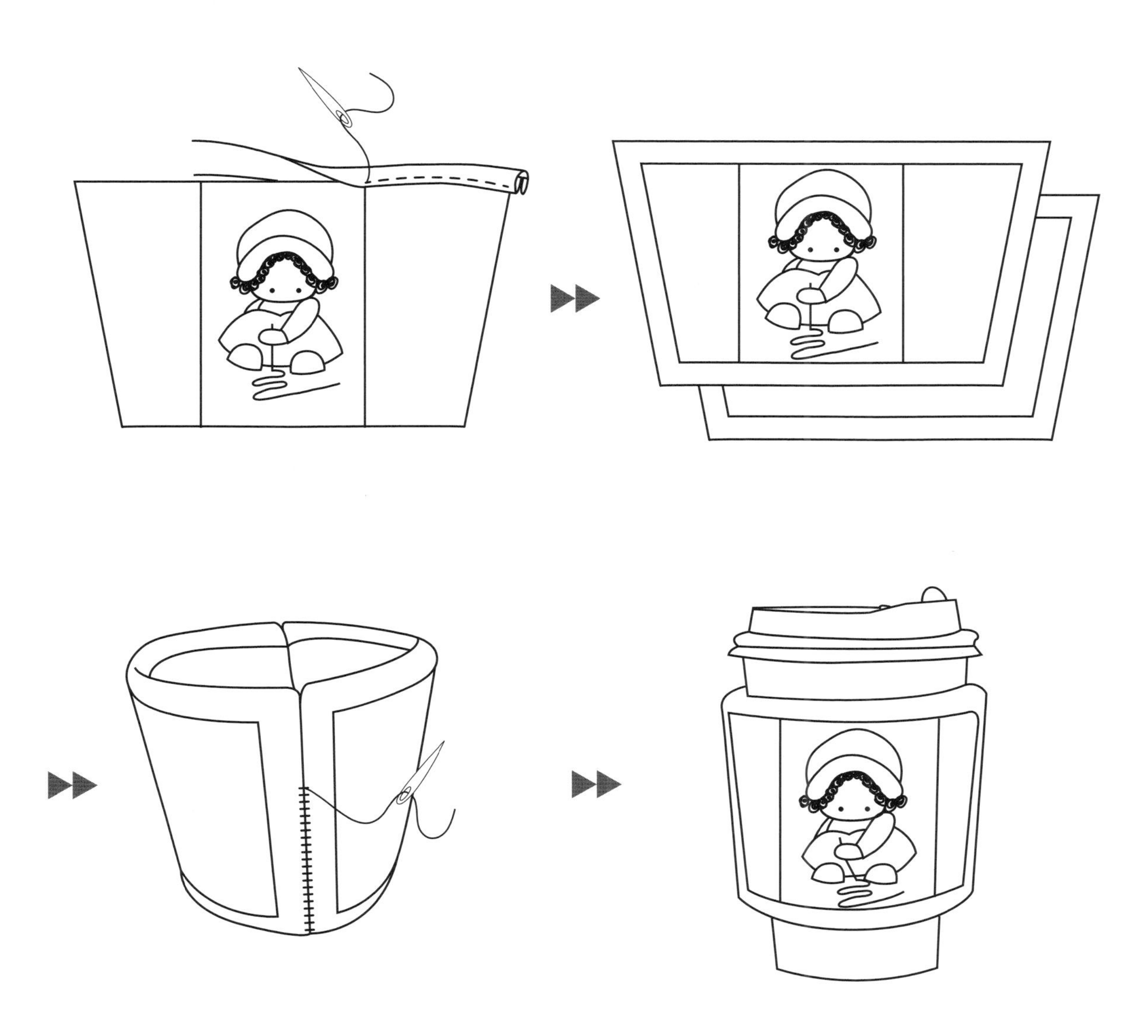

**03** 前、後片壓線完成後，單獨完成0.7cm滾邊縫製，再將前、後片兩側以捲針縫縫合，杯套即完成。

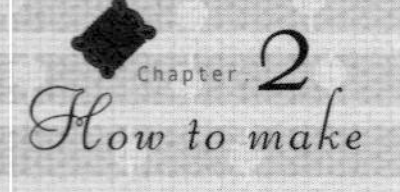

# P.43

## 耶誕節的心願娃娃抱枕套 ★紙型D面

**完成尺寸**

35cm×35cm

**材　　料**

表布×2（a、b）
貼布配色布數色
鋪棉×1
裡布×1（含抱枕後背布）
繡線×2（米白色、咖啡色）
釦子×2
娃娃頭髮×1

★縫份説明：紙型為原寸，貼布布片縫份均需外加。

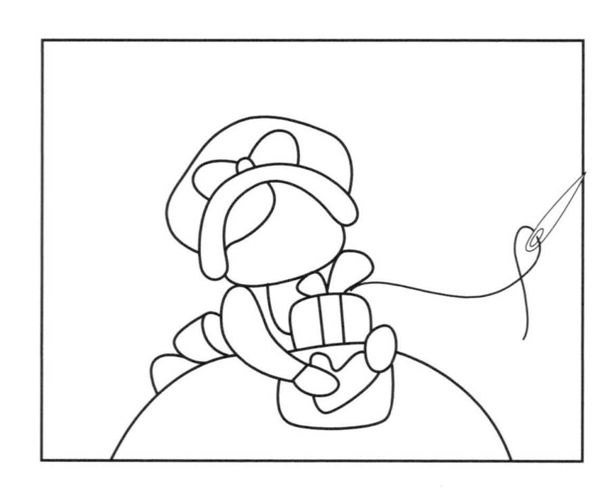

**01** 依圖示尺寸裁表布a：28 cm×35 cm、表布b：7 cm×35 cm及各色貼布用布（縫份均需外加）。

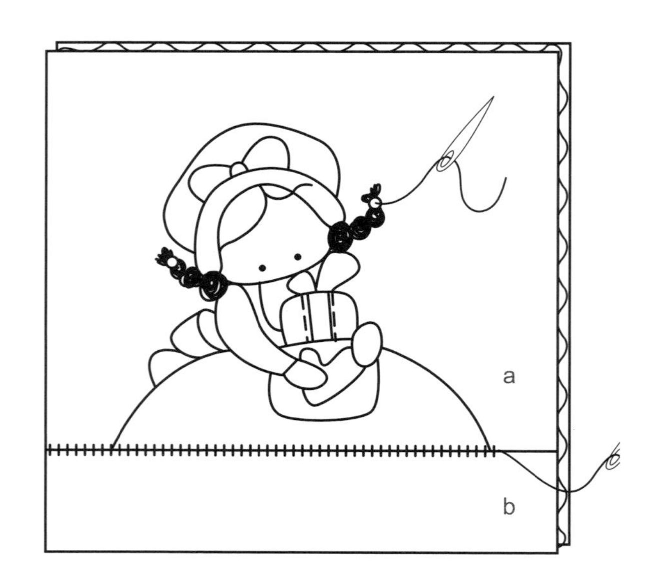


**02** 依圖示貼布縫順序完成表布a圖案，將表布a與表布b接合成前片表布A（35cm×35cm，縫份外加），前片表布A＋鋪棉＋裡布進行三層壓線，圖形部分進行落針壓線並依圖示完成繡圖，縫上娃娃頭髮及造型釦。

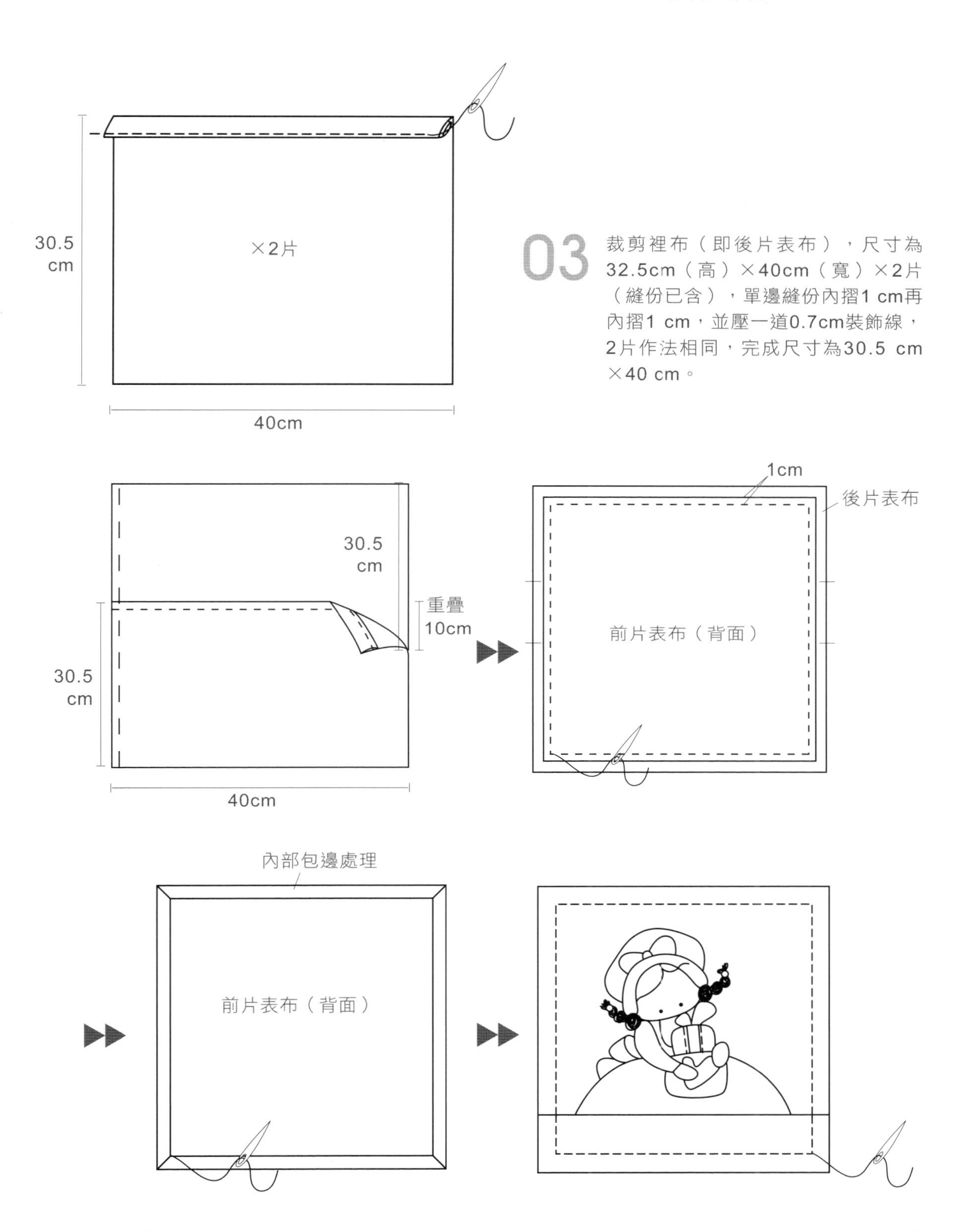


03 裁剪裡布（即後片表布），尺寸為32.5cm（高）×40cm（寬）×2片（縫份已含），單邊縫份內摺1 cm再內摺1 cm，並壓一道0.7cm裝飾線，2片作法相同，完成尺寸為30.5 cm×40 cm。

04 後片表布完成後，2片重疊10cm置放，上下重疊處以疏縫暫時固定，再與壓線完成的表布正面相對縫合一圈（縫份1cm），後片用布四周仍有多留縫份（留包邊縫份，其餘可修剪掉），作為包邊收尾用，裡布包邊處理完成，從開口處將正面翻出，四周壓一道2 cm裝飾線，抱枕套即完成。

★※枕心尺寸：30cm×30cm

# P.44

## 南瓜舞花女孩涼扇套 ★紙型D面

**完成尺寸**

25cm×18cm

**材　　料**

前表布×1
後表布×1
貼布配色布數色
滾邊用布
鋪棉×1
裡布×1
薄布襯×1
繡線×1（咖啡色）
小釦子×2
竹製扇柄×1（扇柄種類多樣，也有塑膠製，請依購入實物扇柄自己作尺寸的調整。）

★縫份說明：紙型已含滾邊縫份，貼布布片縫份需外加。

**01** 依圖示裁剪表布（前、後片紙型相同）及各色貼布布片，前表布依圖示完成圖案。

**02** 前表布＋鋪棉＋裡布進行三層壓線（貼布圖形全圖進行落針壓線，其餘可以圈圈板壓圓形，並依圖示完成繡圖，縫上娃娃頭髮及造型釦。）

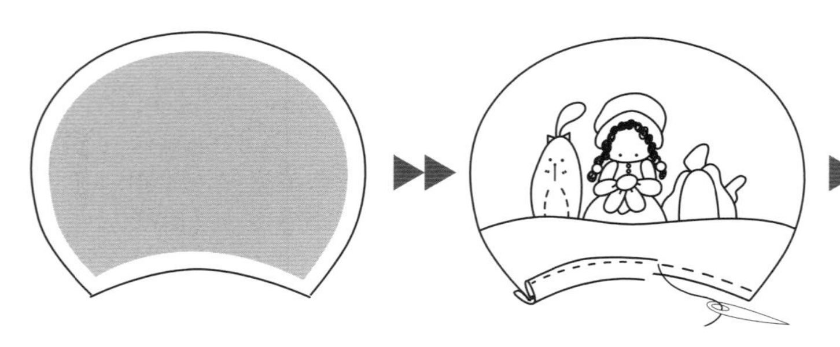

**03** 後片表布燙上薄布襯，前 、後片表布下緣單獨完成0.7cm滾邊，前片表布先完成圓弧單邊0.7cm滾邊，圓弧兩端滾邊需多各留1cm，屆時包邊用。滾邊另一邊暫不縫合，前表布＋扇柄＋後表布四周疏縫暫時固定，再完成另一邊滾邊縫製，涼扇套即完成。

# P.45

## 南瓜魔女小掃帚套 ★紙型C面

**完成尺寸**

10.5cm（上寬）×17cm（高）×18cm（下寬）

**材　　料**

底布×1
貼布配色布數色
鋪棉×1
裡布×1
滾邊×1
繡線×1（咖啡色）
小釦子×2
娃娃頭髮×1
小暗釦×3組
小掃帚×1（市售尺寸多樣，版型可依購入實物進行修改。）

★縫份說明：紙型已含滾邊縫份，貼布布片縫份需外加。

**01** 依紙型裁剪表布並依圖示貼布縫順序完成圖案。

**02** 表布＋鋪棉＋裡布進行三層壓線，貼布圖形全圖進行落針壓線，並依圖示完成繡圖，縫上娃娃頭髮及造型釦。

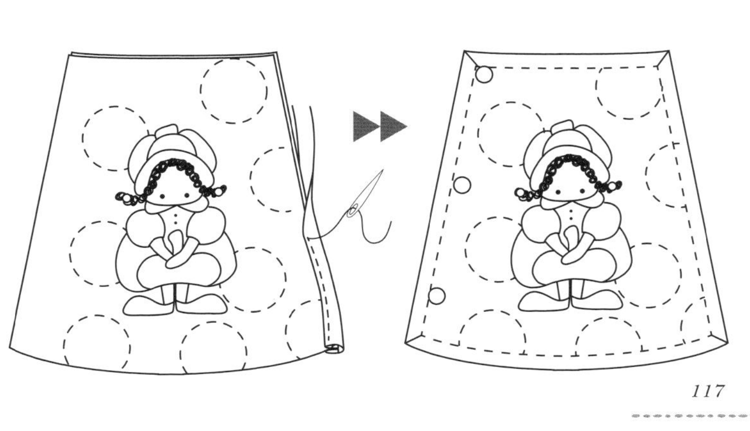

**03** 將壓線完成的表布，修剪多餘縫份與紙型對合尺寸（依個人使用的小掃帚尺寸為主），縫合0.7cm滾邊一圈，依圖示暗釦位置，縫上小暗釦即完成。

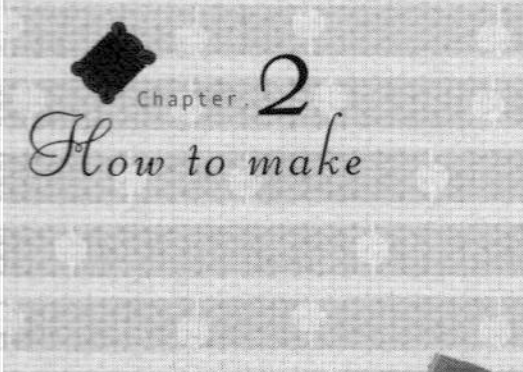


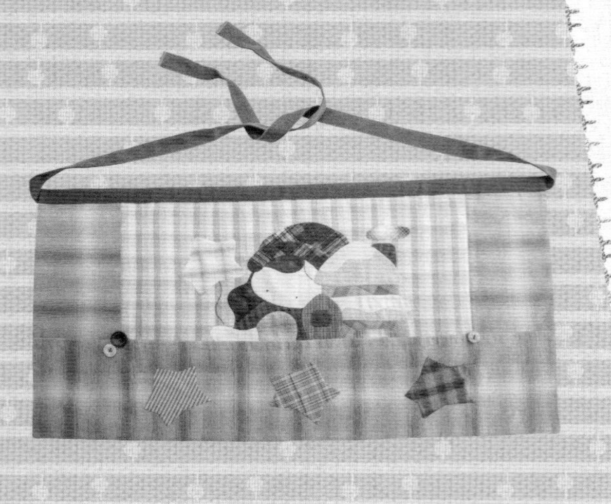

# P.46

## 雪屋女孩圍裙 ★紙型D面

**完成尺寸**

80cm×39cm

**材　　料**

貼布表布×1
拼接表布數色×1
貼布配色布數色
薄布襯×1
後背布×1
繡線×1（咖啡色）
造型釦×3
軟質織帶2.5cm×220cm×2條
金屬尾片×2

★縫份說明：紙型為完成尺寸，縫份需外加，貼布及拼接布片縫份需外加。

**裁布圖** ★圖示數字尺寸單位為cm。

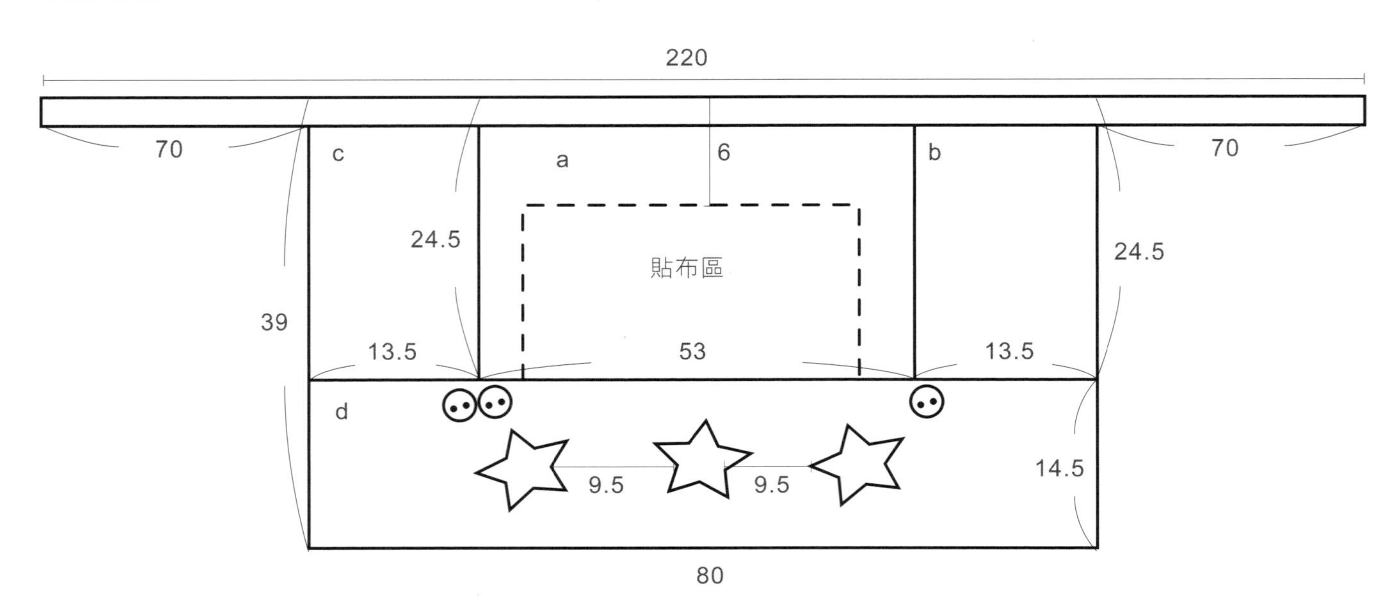

01 依紙型裁剪貼布表布a（53cm×24.5cm，縫份需外加），依圖示尺寸裁b、c（13.5cm×24.5cm，縫份需外加）d（80cm×14.5cm，縫份需外加），取表布a將貼布圖形置中，再依圖示貼布縫順序完成圖案。

02 拼接表布數色a至d，完成一片前表布（80cm×39cm，縫份需外加），完成星星貼布（參考紙型圖示大約位置即可）、繡圖及縫上裝飾釦，另外再裁剪同尺寸後背布×1（縫份需外加）及薄布襯×2（不需留縫份）。

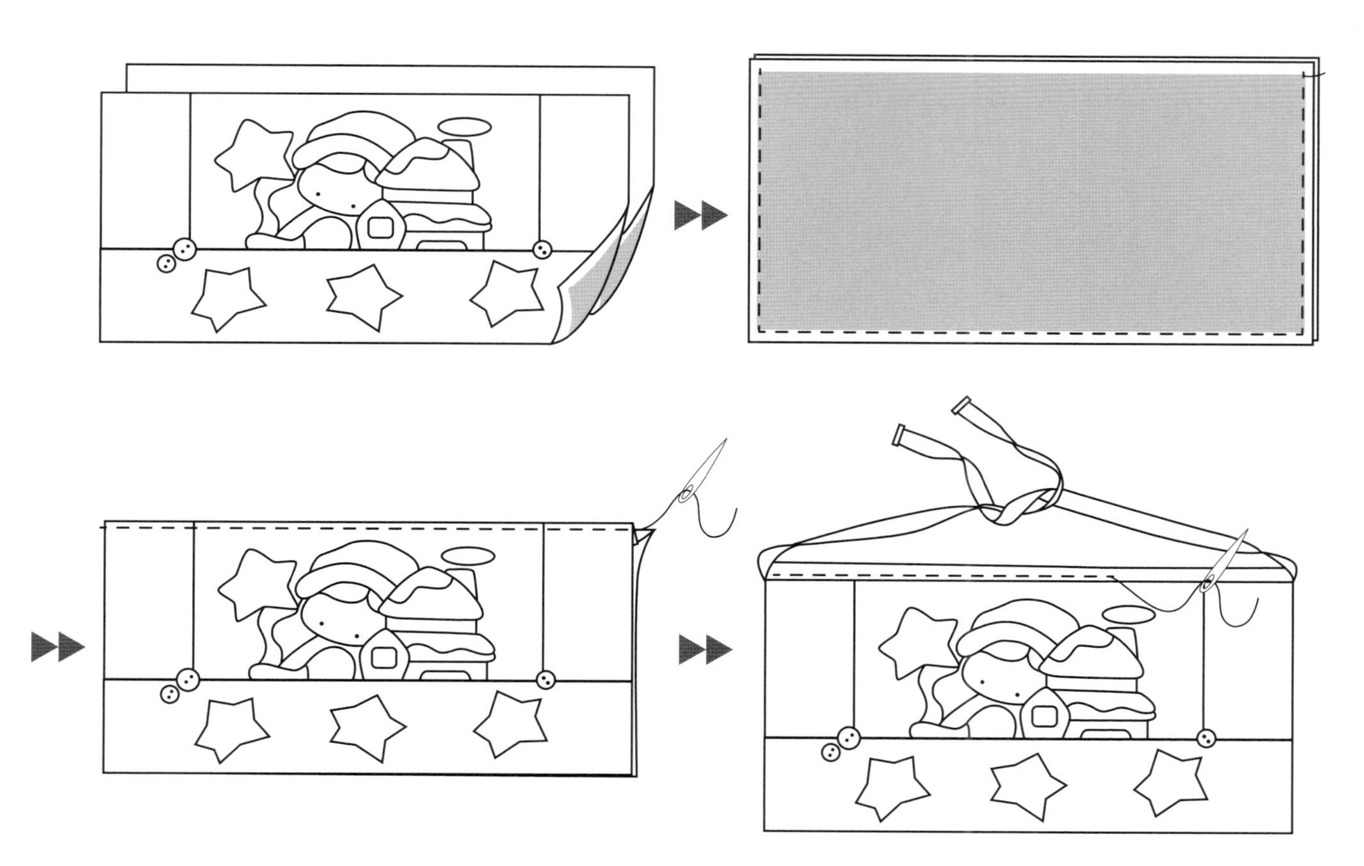

03 前表布、後背布分別燙上薄布襯，正面相對車合ㄇ字形，上緣不縫合，翻至正面，上緣縫份內摺以平針縫縫合一道，將開口固定，織帶與袋身畫出中心線，2條織帶與袋身一起夾車（織帶＋袋身＋織帶），夾車線沿織帶邊0.1cm處，同壓裝飾線一樣，織帶尾端再以金屬尾片作裝飾，織帶夾車可以用雙面膠帶輔助固定。

# P.48

## 美味關係餐墊組 ★紙型D面

**完成尺寸**

40cm×28cm（餐墊）、尺寸：13cm×13cm（杯墊）

**材　　料**

| （餐墊）： | （杯墊）： |
| --- | --- |
| 底布×1 | 底布×1 |
| 貼布配色布數色 | 貼布配色布數色 |
| 滾邊×1 | 滾邊×1 |
| 鋪棉×1 | 鋪棉×1 |
| 裡布×1 | 裡布×1 |
| 繡線×1（咖啡色） | 繡線×1（咖啡色） |
| 裝飾釦×2 | 裝飾釦×2 |
| 蕾絲12cm×1 | 蕾絲10cm×1 |

★縫份說明：紙型為原尺寸，滾邊縫份已含，貼布布片縫份需外加。

★餐墊與杯墊作法相同。

**01** 依紙型裁剪表布及各色貼布布片，並依圖示貼布縫順序完成表布圖案。

**02** 表布＋鋪棉＋裡布進行三層壓線，貼布圖形全圖進行落針壓線，並依圖示完成繡圖，縫上造型釦。

**03** 完成1cm滾邊，取蕾絲緞帶對摺縫合固定於左上角，縫上裝飾釦，餐墊即完成。

# P.50

## 美味甜點壁飾 ★紙型A、B面

**完成尺寸**

95cm×115cm

**材　　料**

表布及各色貼布用布
邊框布
後背布
鋪棉
滾邊布
繡線
造型裝飾釦
小毛球

★縫份說明：紙型為原尺寸，貼布布片縫份需外加。

**製　　圖**

★圖示數字尺寸單位為cm。

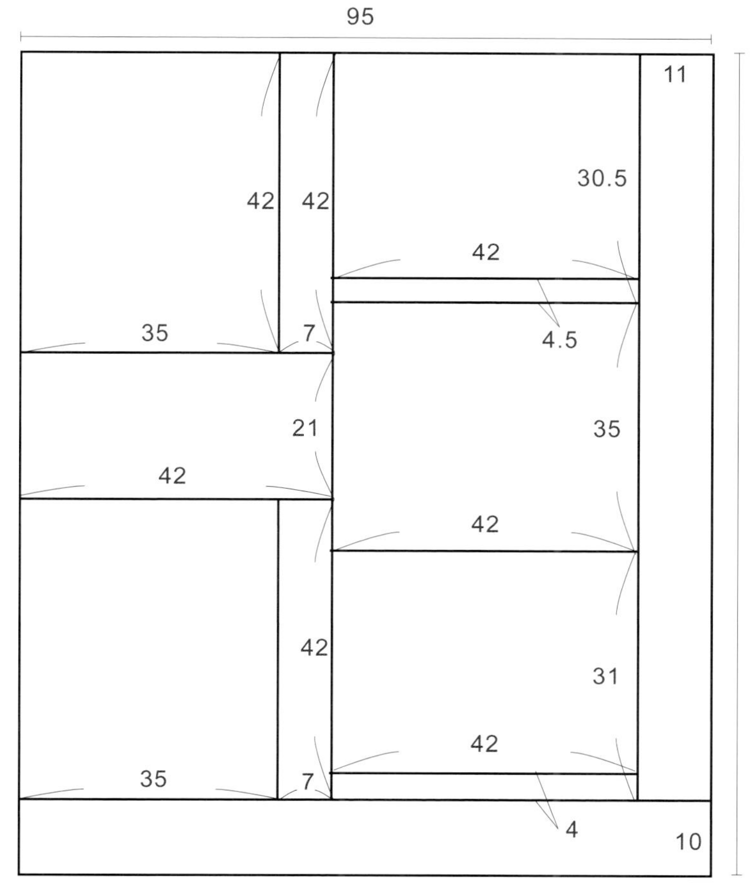

01 依紙型裁剪各色表布及各色貼縫用布（縫份外加），表布依圖示貼縫順序完成表布圖案。

02 完成貼布的表布，依紙型圖示先單獨完成布片拼接，最後再拼接成一整片完整表布。

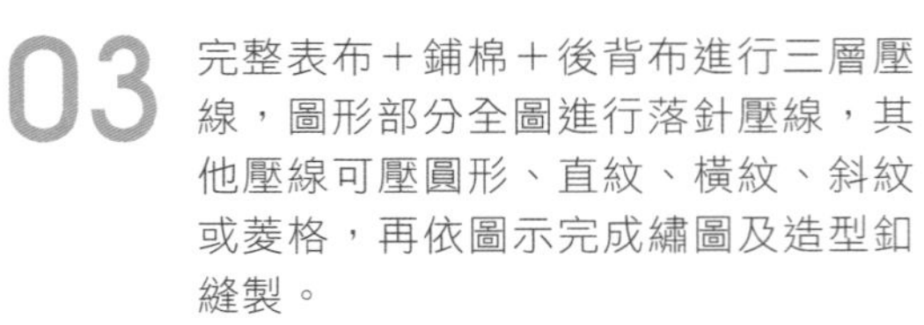

03 完整表布＋鋪棉＋後背布進行三層壓線，圖形部分全圖進行落針壓線，其他壓線可壓圓形、直紋、橫紋、斜紋或菱格，再依圖示完成繡圖及造型釦縫製。

04 四周完成１cm滾邊，壁飾即完成。
備註：壁飾掛耳部分請自行設計，可以剩餘滾邊布製作，或以後背布剩料作整條可穿式的口布，口布寬度以自有的伸縮桿可穿入大小為主即可。

拼布GARDEN 11

拼布友約！
Shinnieの貼布縫童話日常
３０件暖心＆可愛的人氣特選手作

作　　　者／Shinnie
社　　　長／詹慶和
總　編　輯／蔡麗玲
執行編輯／黃璟安
作法繪圖／李盈儀
編　　　輯／蔡毓玲・劉蕙寧・陳姿伶・李佳穎・李宛真
執行美編／周盈汝
美術編輯／陳麗娜・韓欣恬
攝　　　影／數位美學 賴光煜・李建志
出　版　者／雅書堂文化事業有限公司
發　行　者／雅書堂文化事業有限公司
郵政劃撥帳號／18225950
郵政劃撥戶名／雅書堂文化事業有限公司
地　　　址／新北市板橋區板新路206號3樓
電　　　話／(02)8952-4078
傳　　　真／(02)8952-4084
網　　　址／www.elegantbooks.com.tw
電子信箱／elegant.books@msa.hinet.net

經銷／易可數位行銷股份有限公司
地址／新北市新店區寶橋路235巷6弄3號5樓
電話／(02)8911-0825　傳真／(02)8911-0801

2017年9月初版一刷　定價580元



國家圖書館出版品預行編目資料

拼布友約 !Shinnie の貼布縫童話日常 : 30 件暖心 & 可愛的人氣特選手作 / Shinnie 著 .
-- 初版 . -- 新北市 : 雅書堂文化 , 2017.09
面；　公分 . -- ( 拼布 Gargen ; 11)
ISBN 978-986-302-385-2( 平裝 )

1. 拼布藝術 2. 手工藝

426.7　　106014175

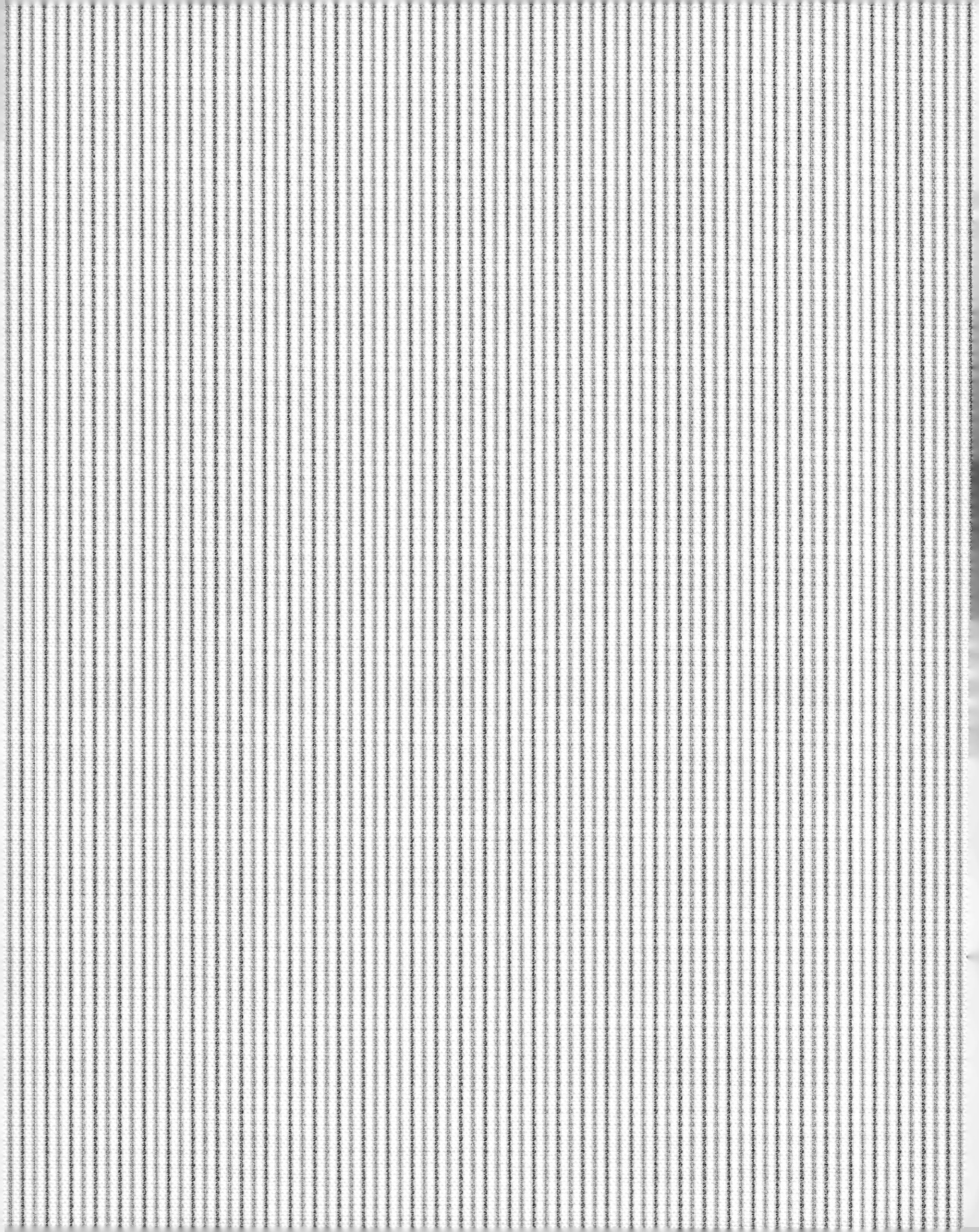

24
10
22
25
23
11
9
21
8
6
7
19
14
12
20
18
13
17
7
16
15
5
1
3
2
4

20
19
18
7
6
5
1
2
16
17
14
15
13
8
9
21
22
10
23
24
12
3
4
11

19
9
23
20
22
21
18
1
7
8
14
16
5
15
6
4
11
2
17
3
12
10
13

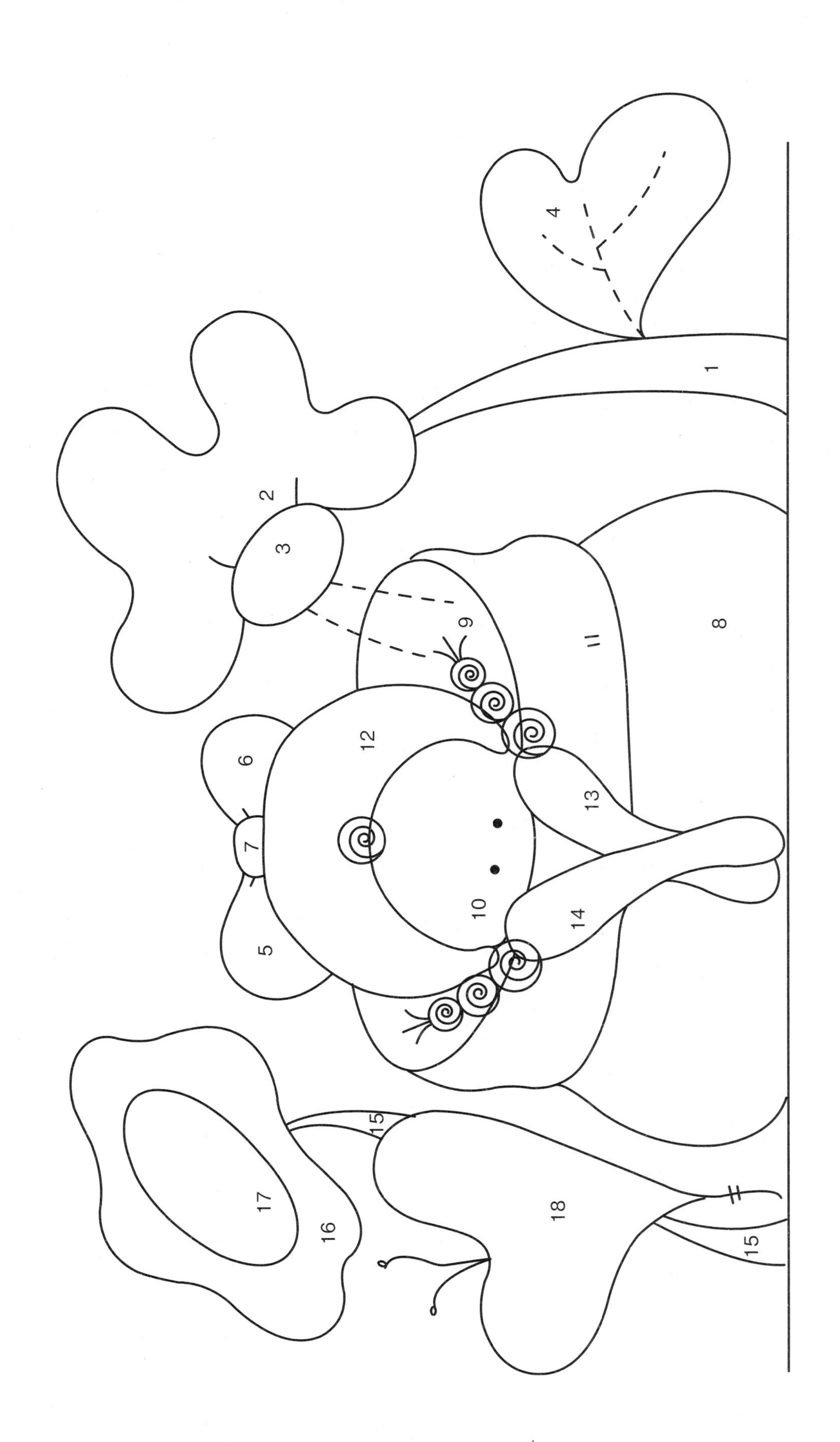

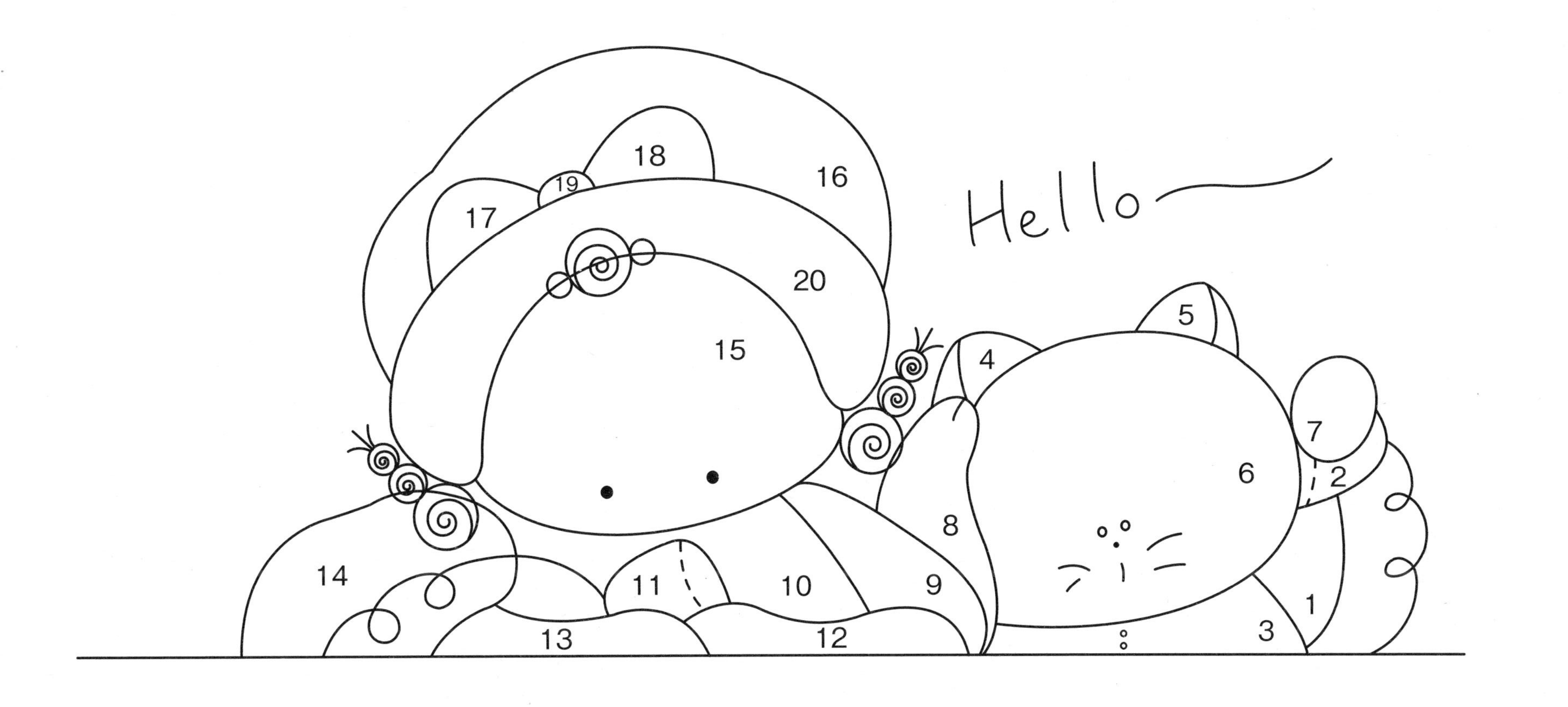
Hello
1
2
3
4
5
6
7
8
9
10
11
12
13
14
15
16
17
18
19
20

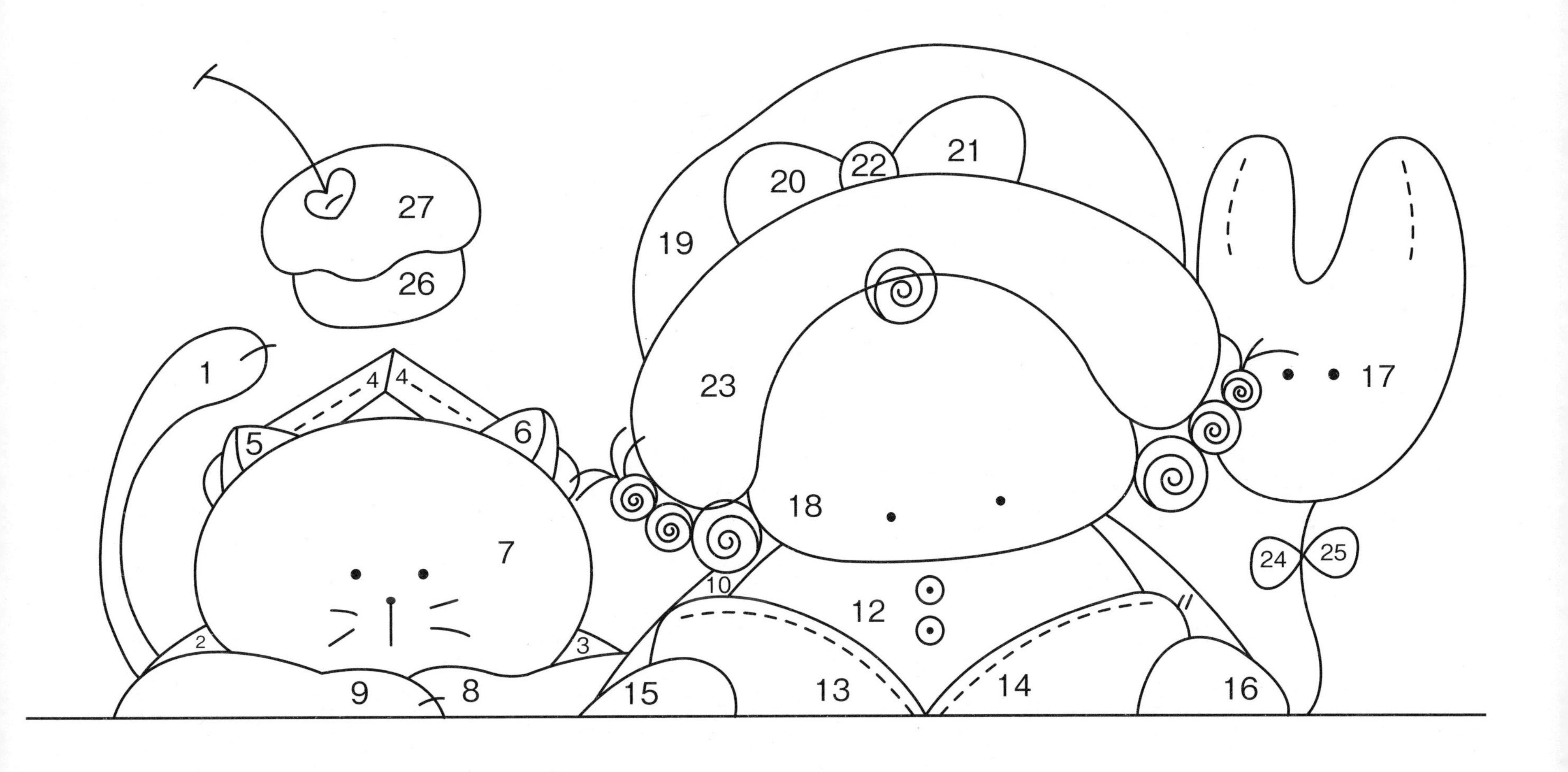
27
26
1
4
4
5
6
7
2
3
9
8
20
22
21
19
23
17
18
24
25
10
12
15
13
14
16

1
2
3
4
5
6
7
8
9
10
11
12
13
14
15
16
17

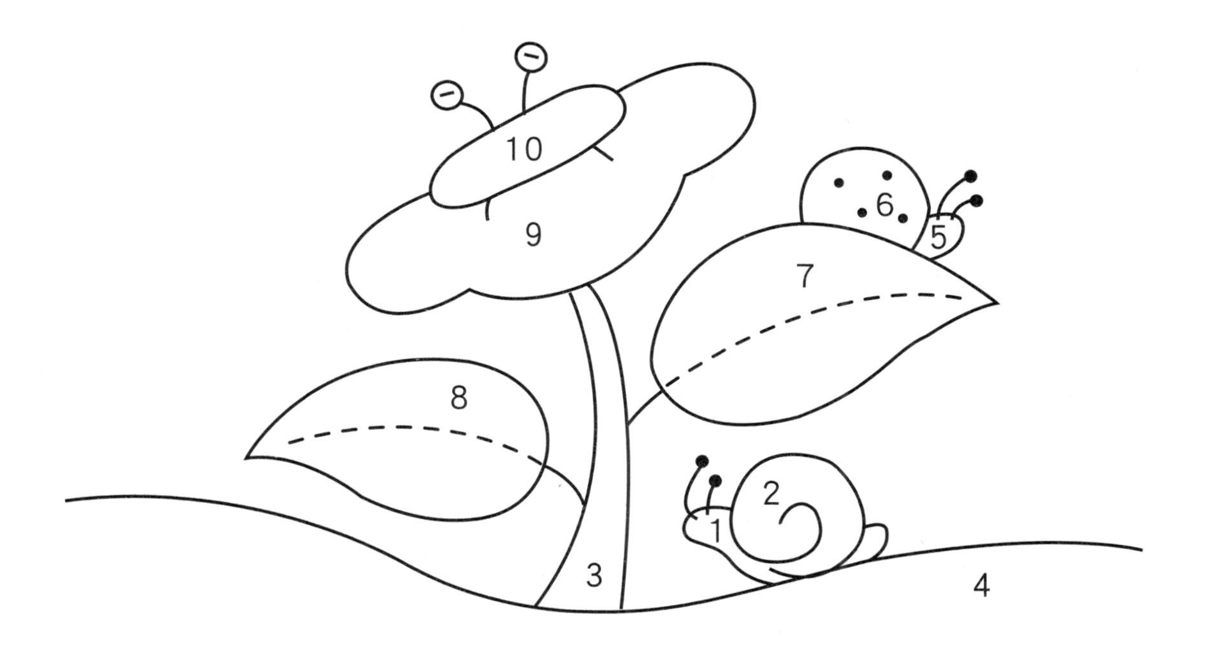
1
2
3
4
5
6
7
8
9
10

7
6
3
5
4
2
1
3
11
10
9
8
4
4
2
3
1
2
1
5

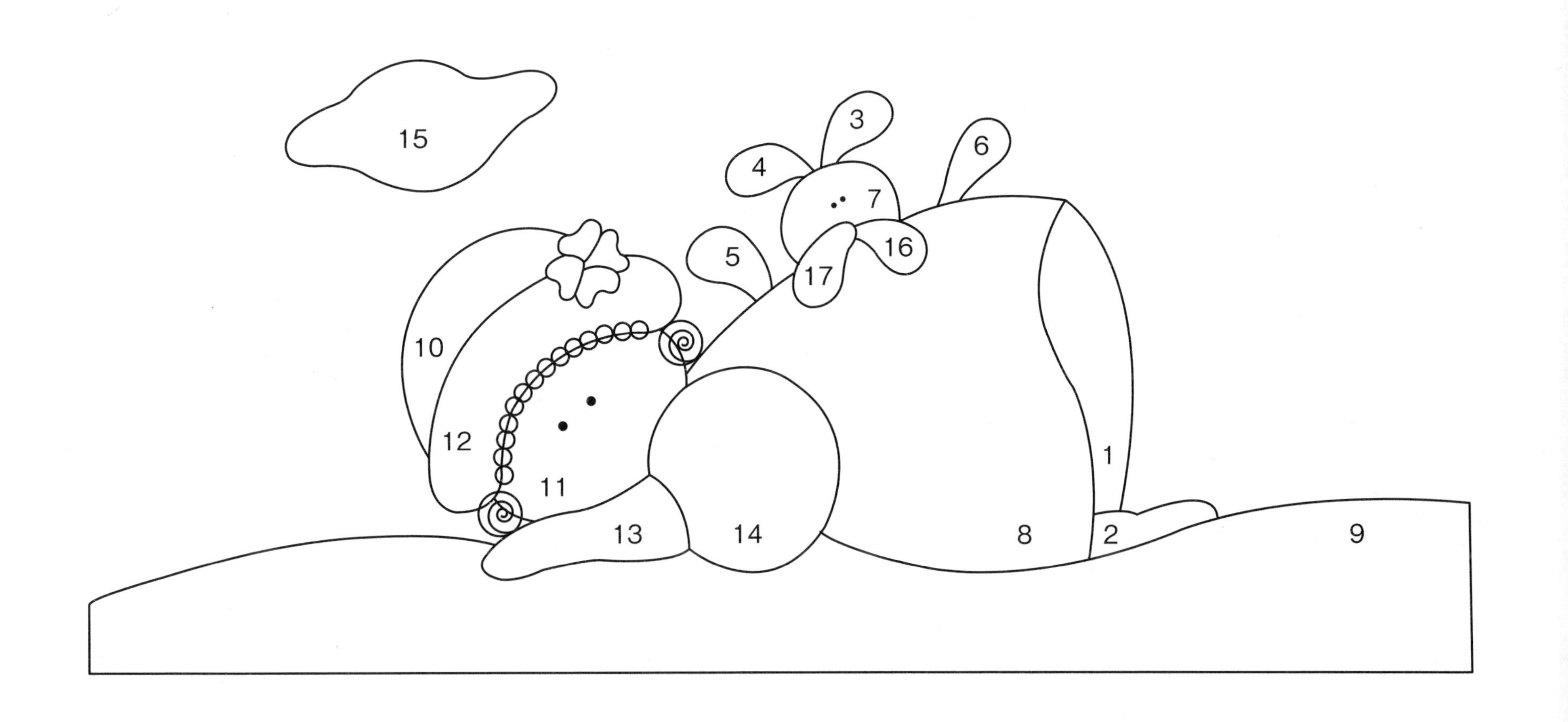
15
3
6
4
7
5
16
17
10
12
1
11
13
14
8
2
9

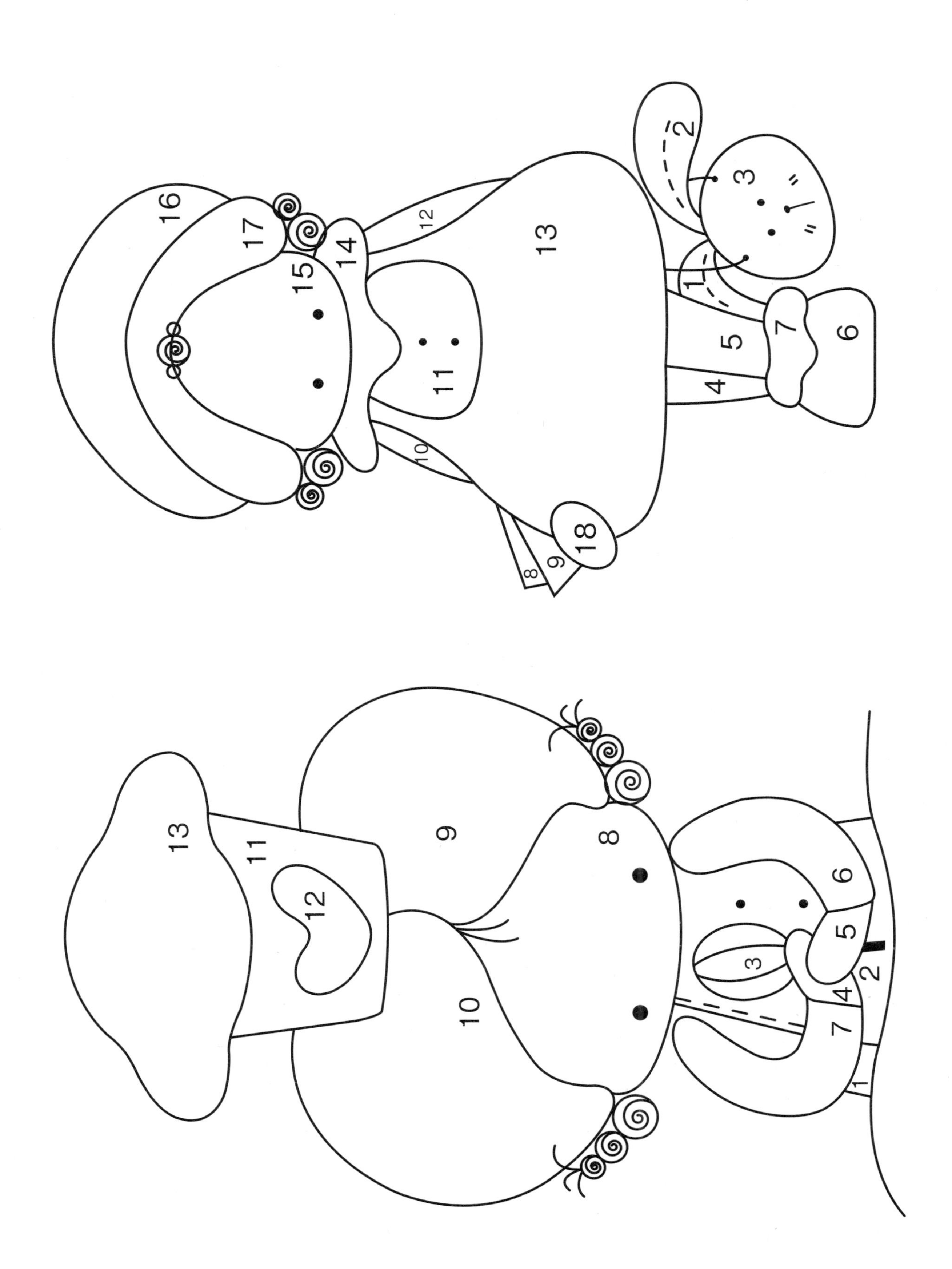

25
26
17
19
18
24
21
14
1
2
13
23
20
15
3
22
16
8
5
6
7
4
11
9
27
12
10
28

1
2
3
4
5
6
7
8
9
10
11
12
13
14
15
16
17
18
19
20
21
22
23
24
25
26
27
b

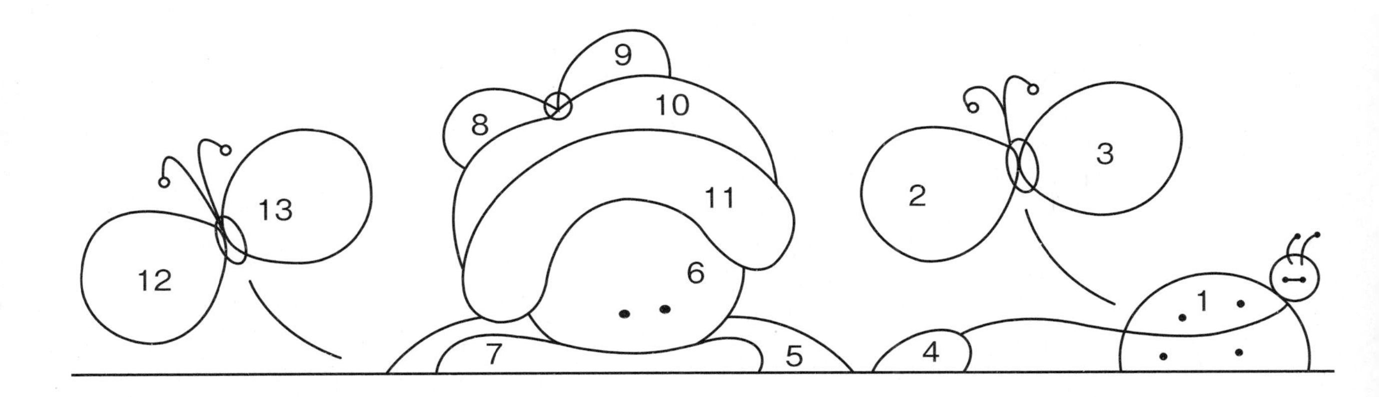
9
8
10
3
13
11
2
12
6
1
7
5
4

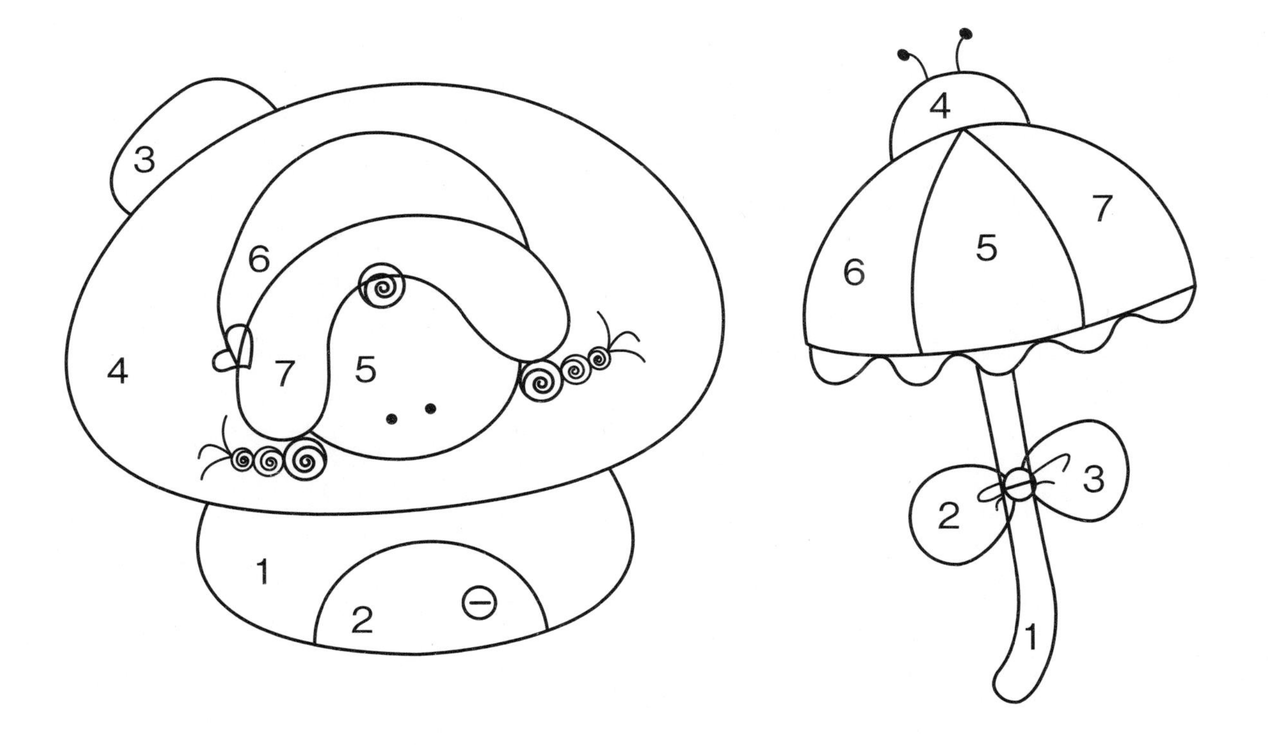
4
3
7
6
5
6
4
7
5
3
2
1
2
1

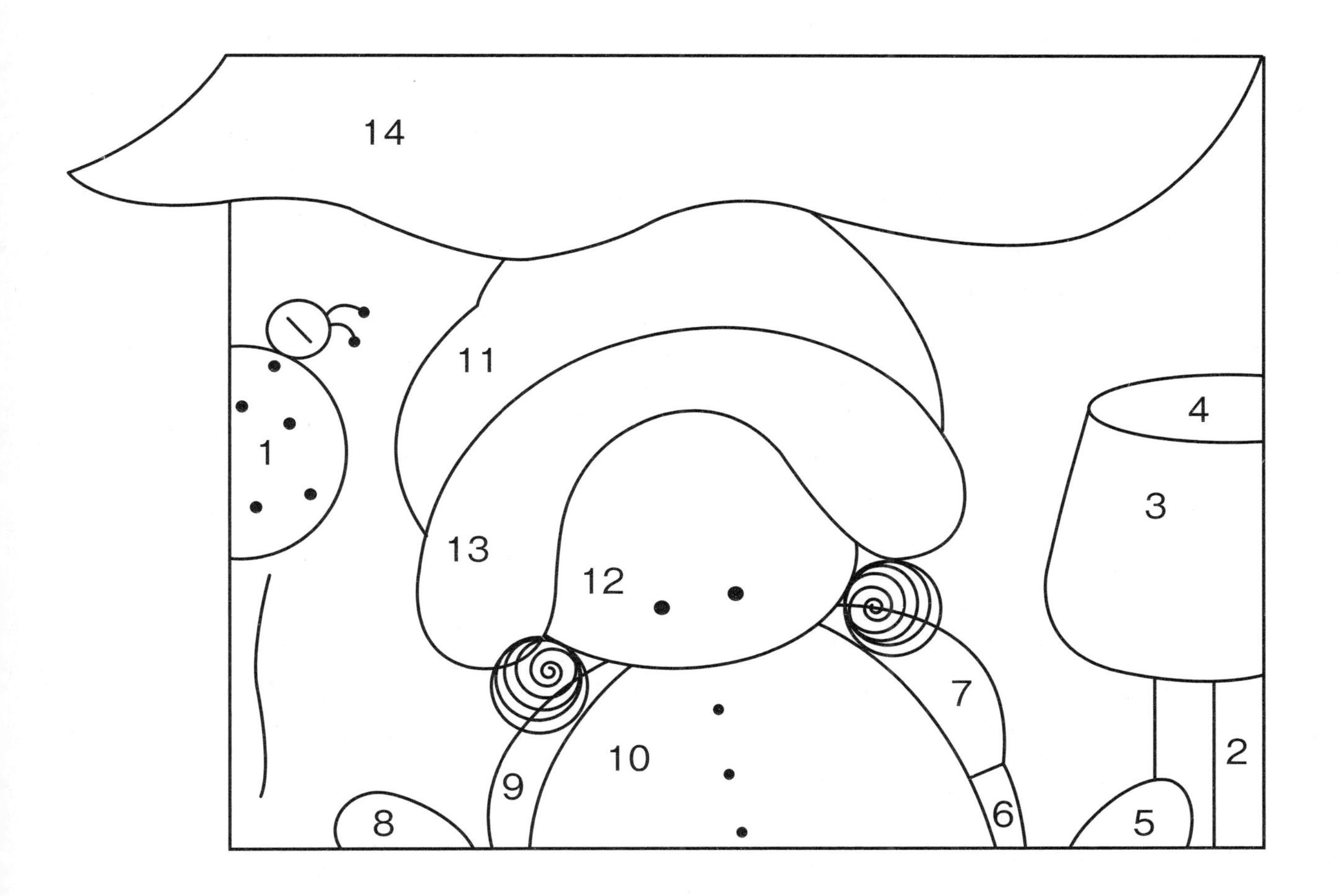
14
11
1
13
12
4
3
7
2
10
9
6
8
5

13
14
4
15
1
12
11
3
6
2
7
5
10
8
9
1
4
2
3
11
13
14
12
1
2
10
3
4
5
6
9
8
7

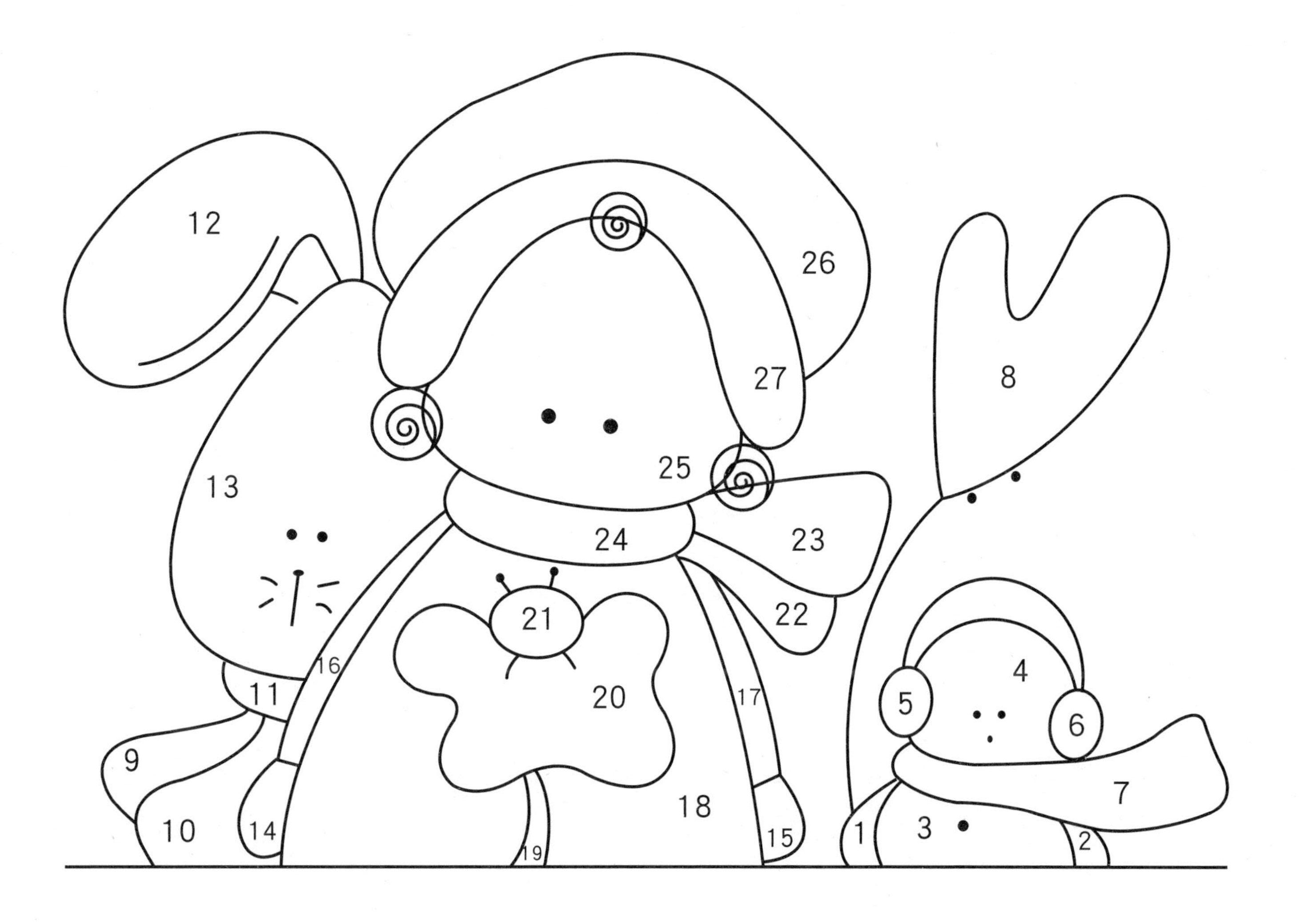
1
2
3
4
5
6
7
8
9
10
11
12
13
14
15
16
17
18
19
20
21
22
23
24
25
26
27

32
28
31
29
30
22
26
27
24
23
25
21
1
20
4
3
7
2
6
11
5
9
8
12
13
14
15
10
16
18
17
19

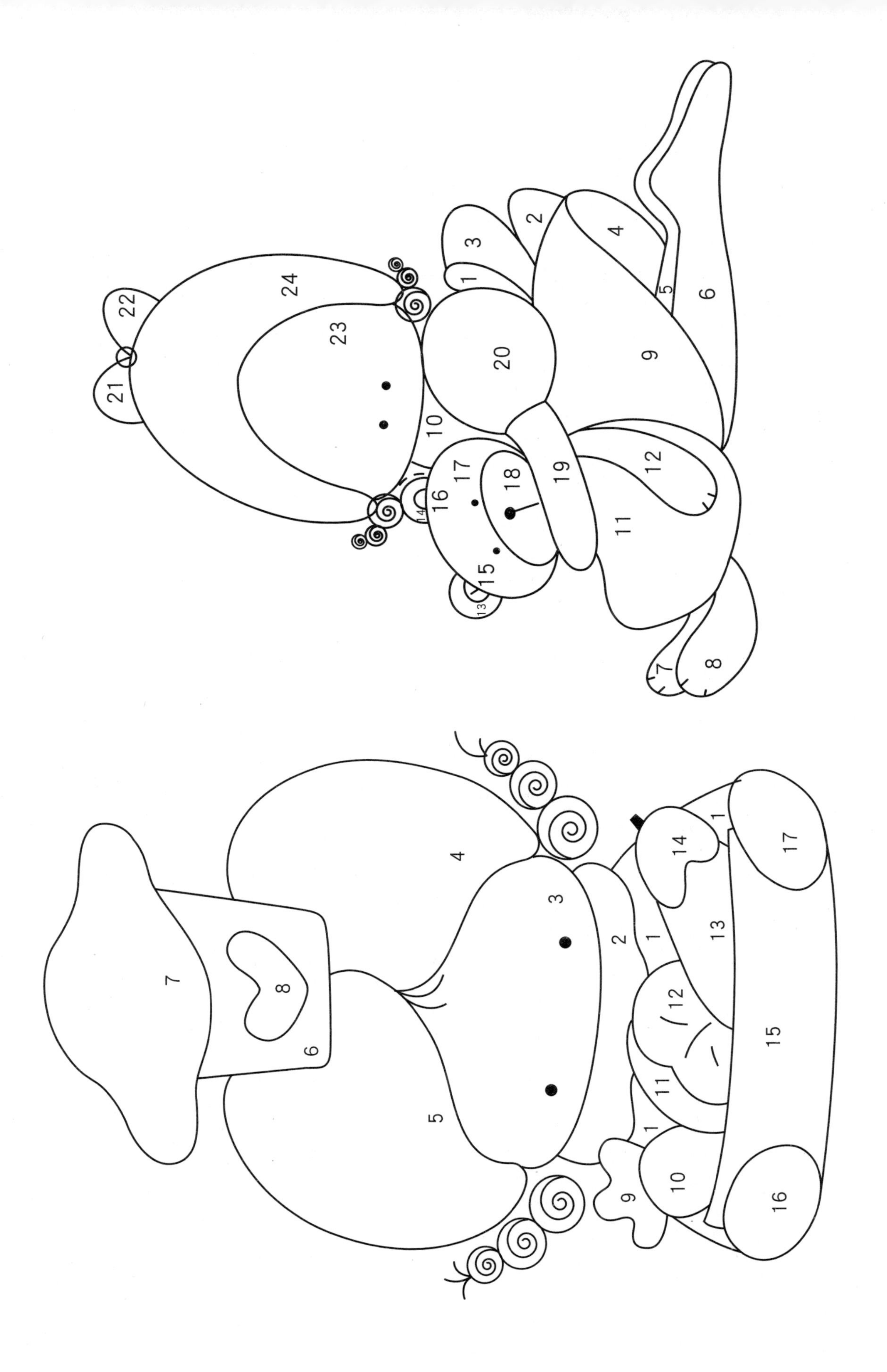

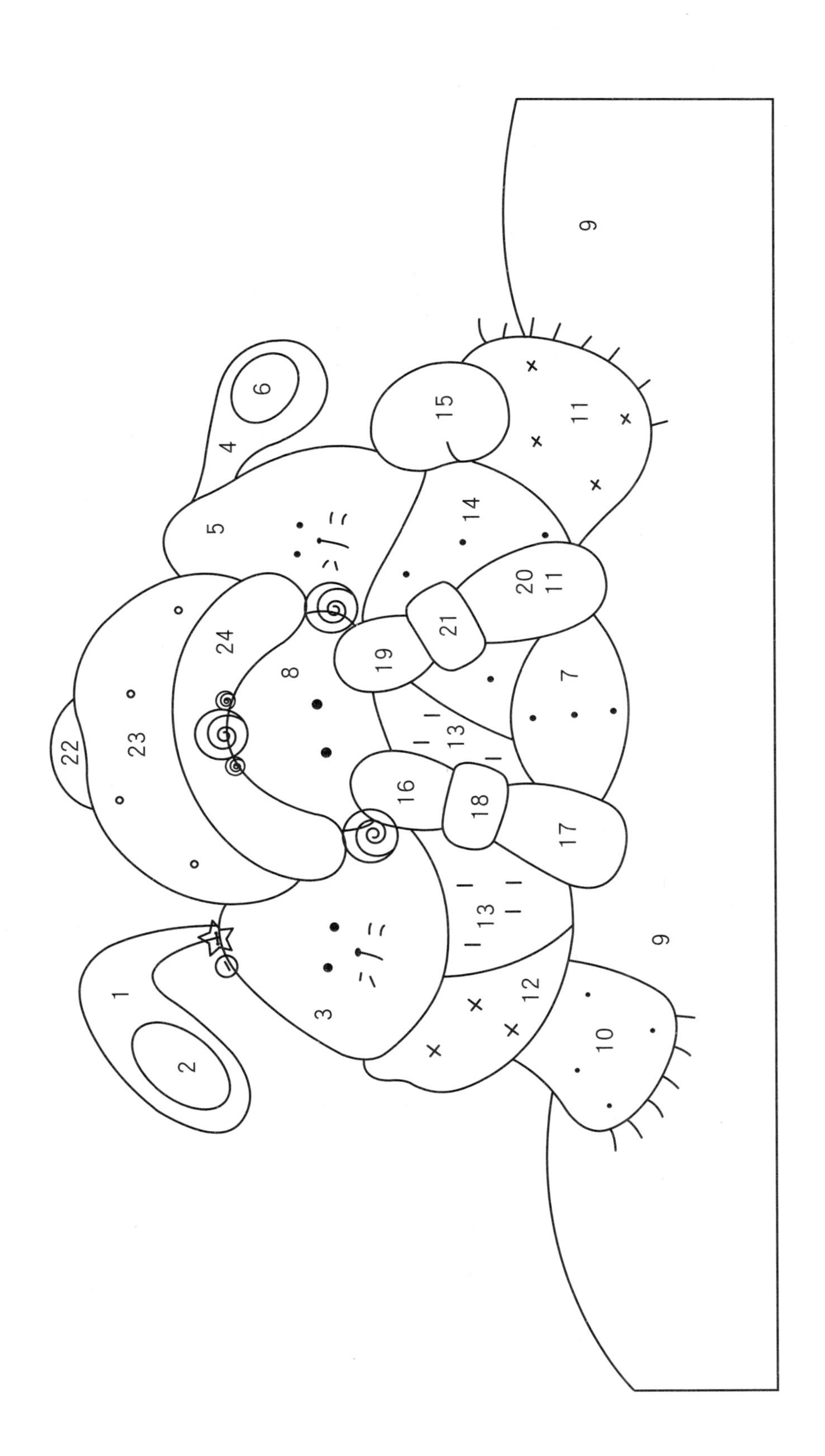

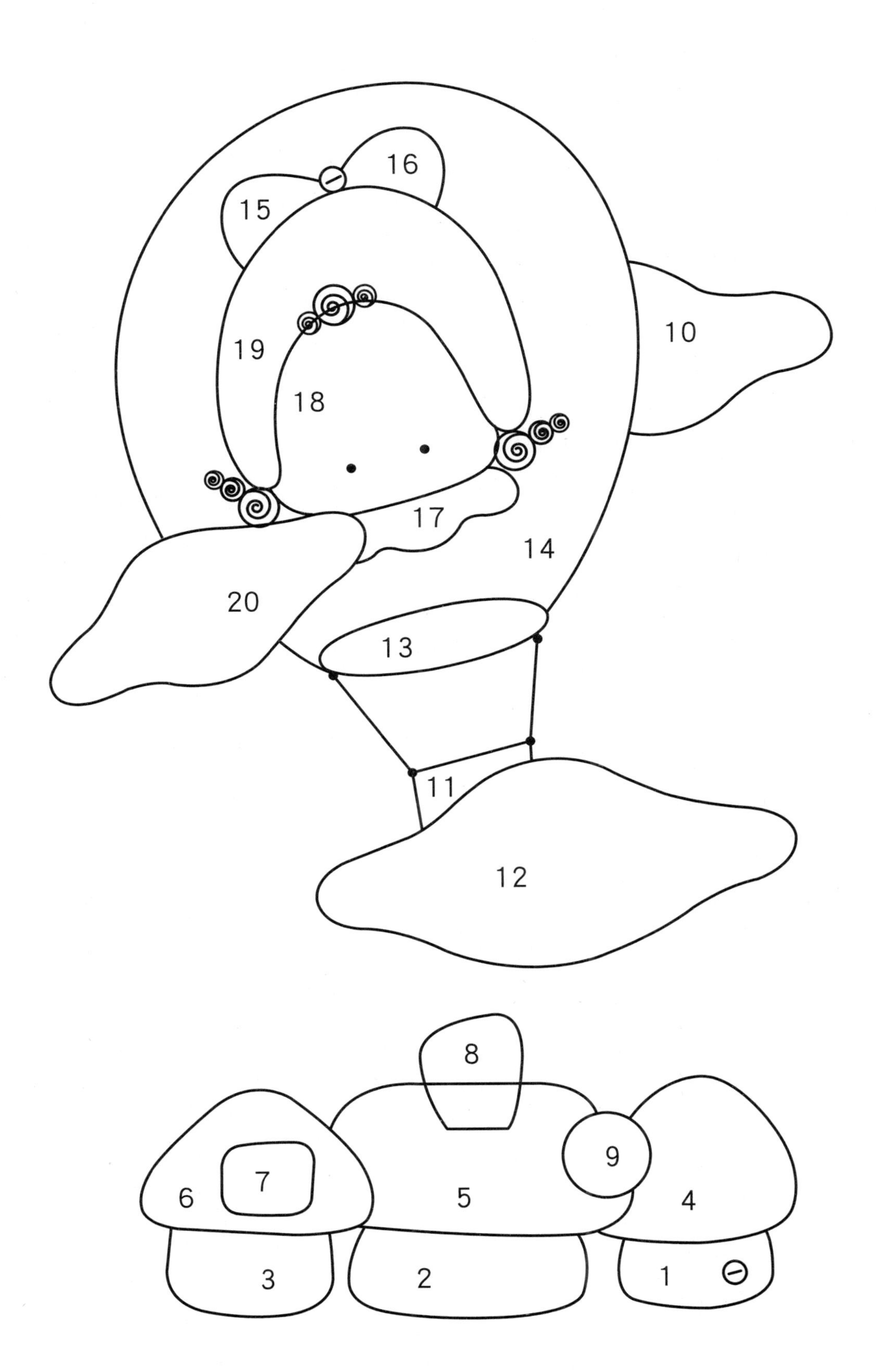
16
15
19
10
18
17
14
20
13
11
12
8
9
7
6
5
4
3
2
1

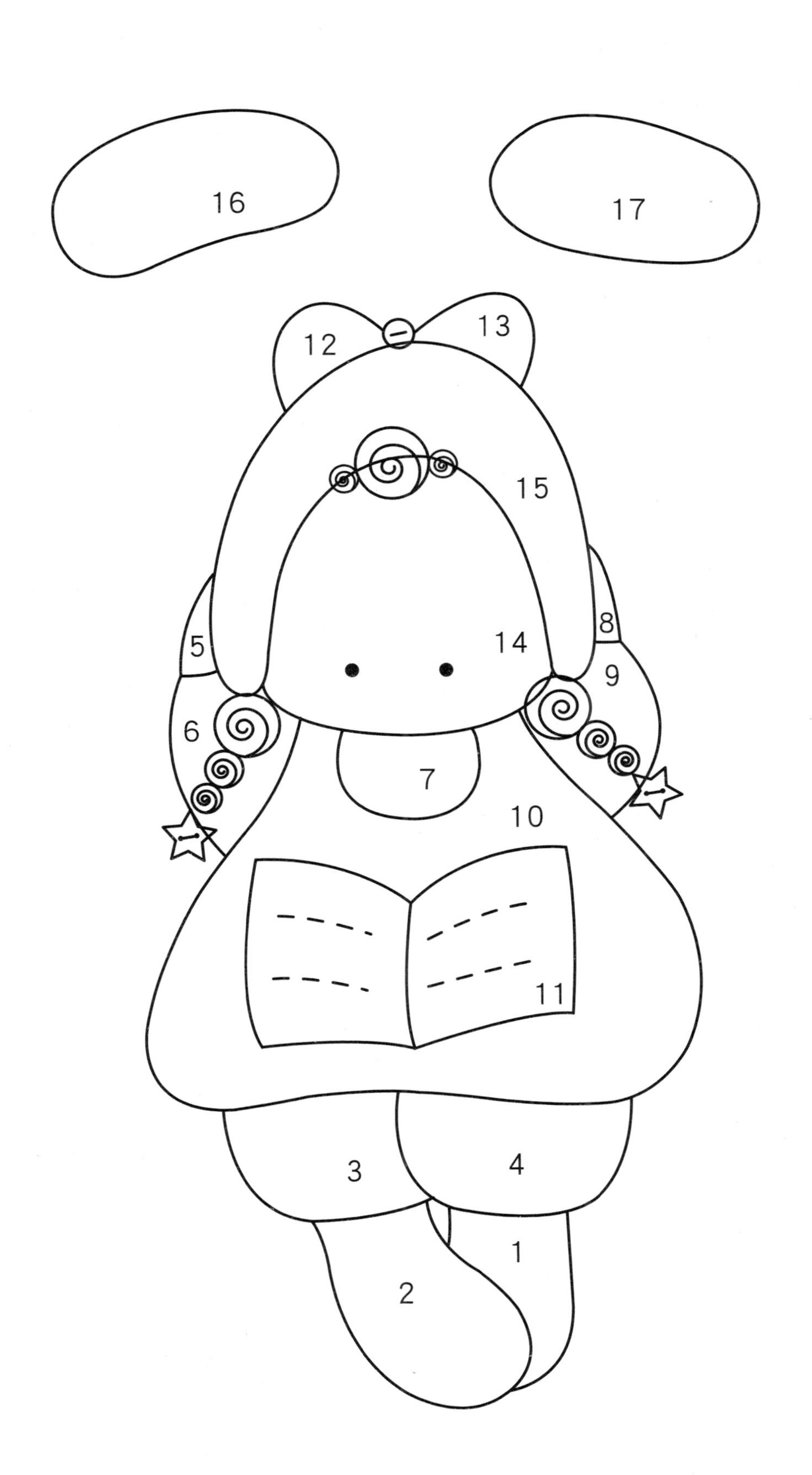
16
17
12
13
15
5
14
8
9
6
7
10
11
3
4
1
2

2
1
16
15
8
20
17
19
18
7
9
3
10
6
5
4
22
21
12
13
14
11
24
25
23
7
6
4
5
20
21
19
14
13
22
12
11
9
10
8
3
16
18
15
1
2
17

15
14
12
13
10
9
21
20
19
11
17
18
16
8
1
2
4
3
6
5

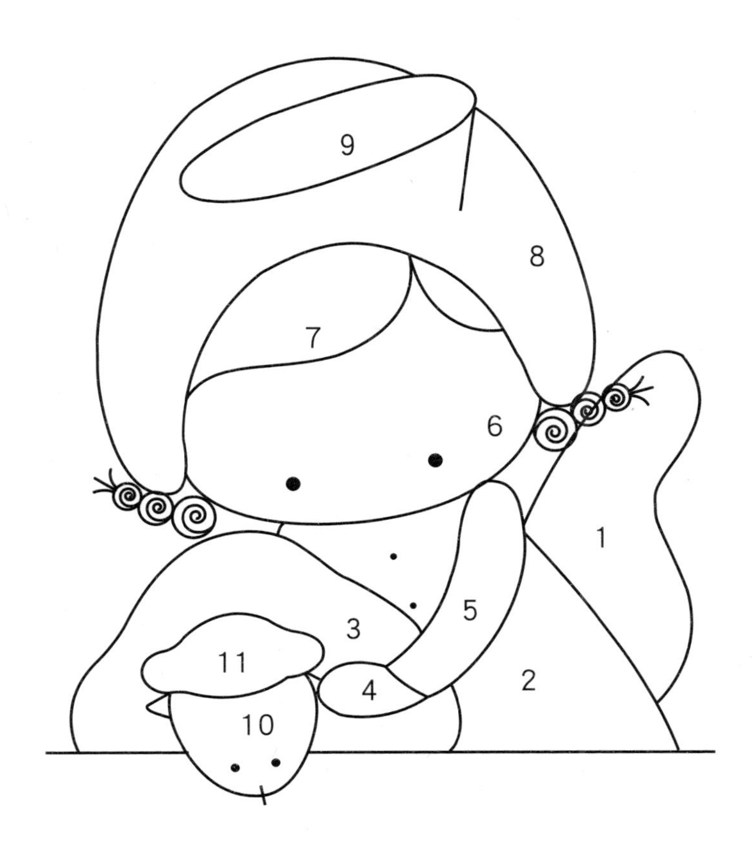
9
8
7
6
1
5
3
11
4
2
10

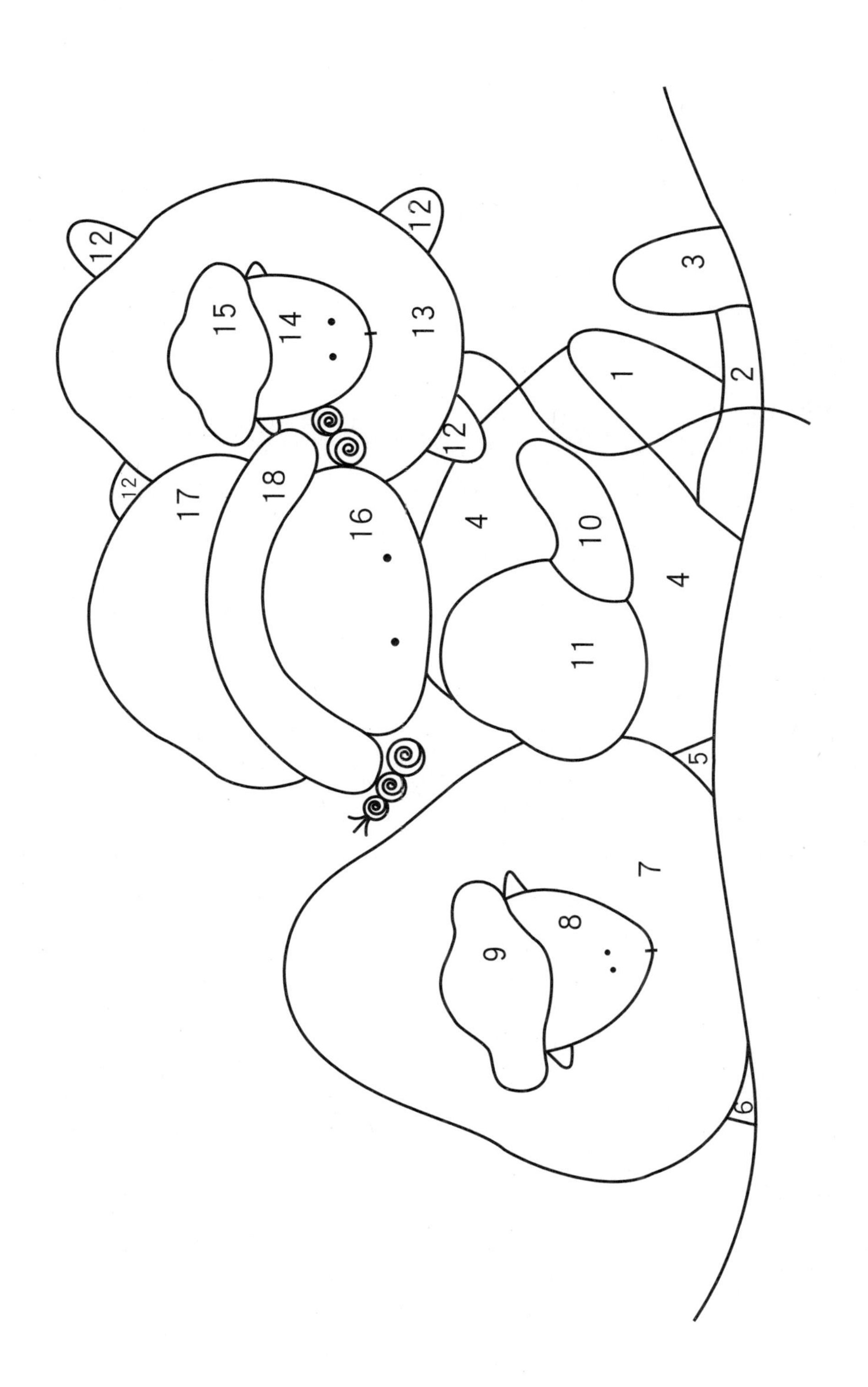

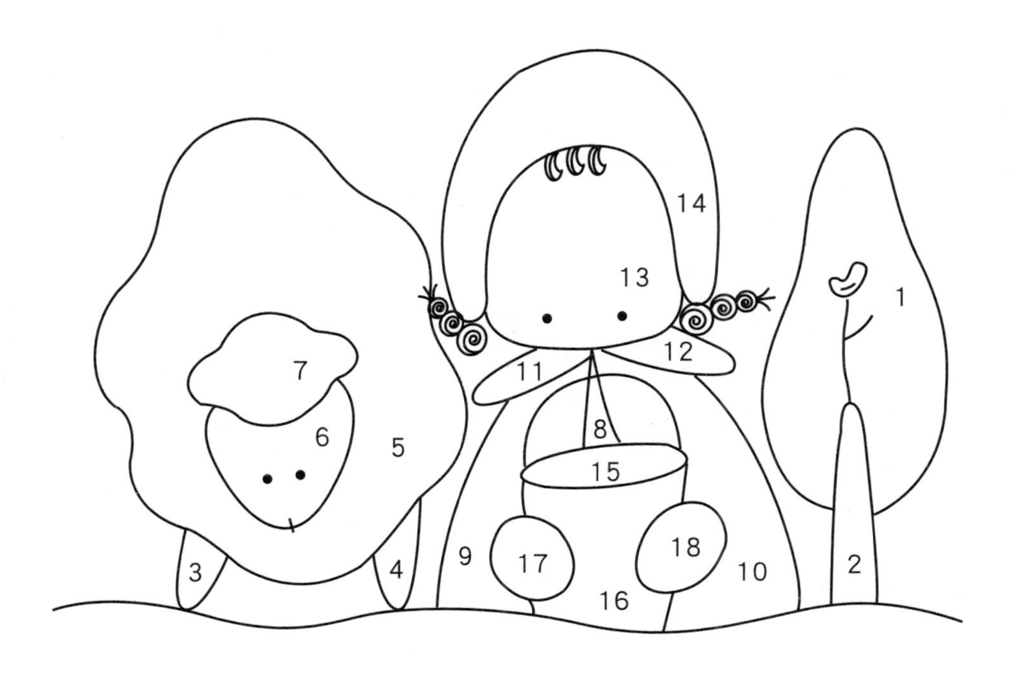
14
13
1
12
7
11
8
6
5
15
18
9
17
10
2
3
4
16

20
19
18
17
16
15
13
14
11
12
10
2
1
3
4
6
5
7
8
9

16
15
3
14
10
8
13
12
11
9
7
2
1
6
4
5
12
11
10
9
7
8
1
5
4
6
3
2
9
8
11
10
7
5
6
1
3
2
4

15
14
12
13
11
10
6
8
9
5
4
3
16
7
1
2
19
20
21
18
17
13
14
9
15
10
5
4
16
7
12
11
6
8
1
2
3

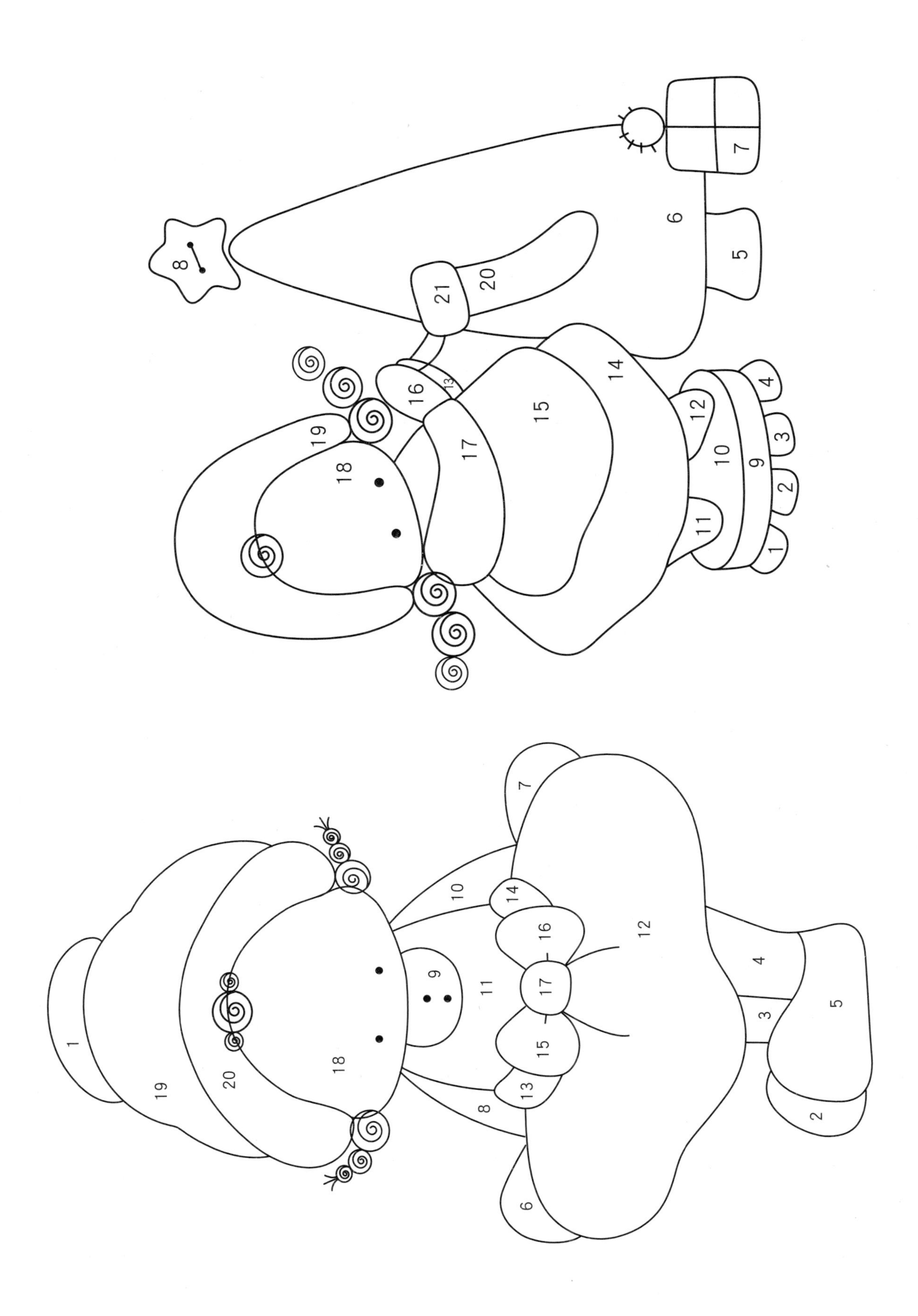

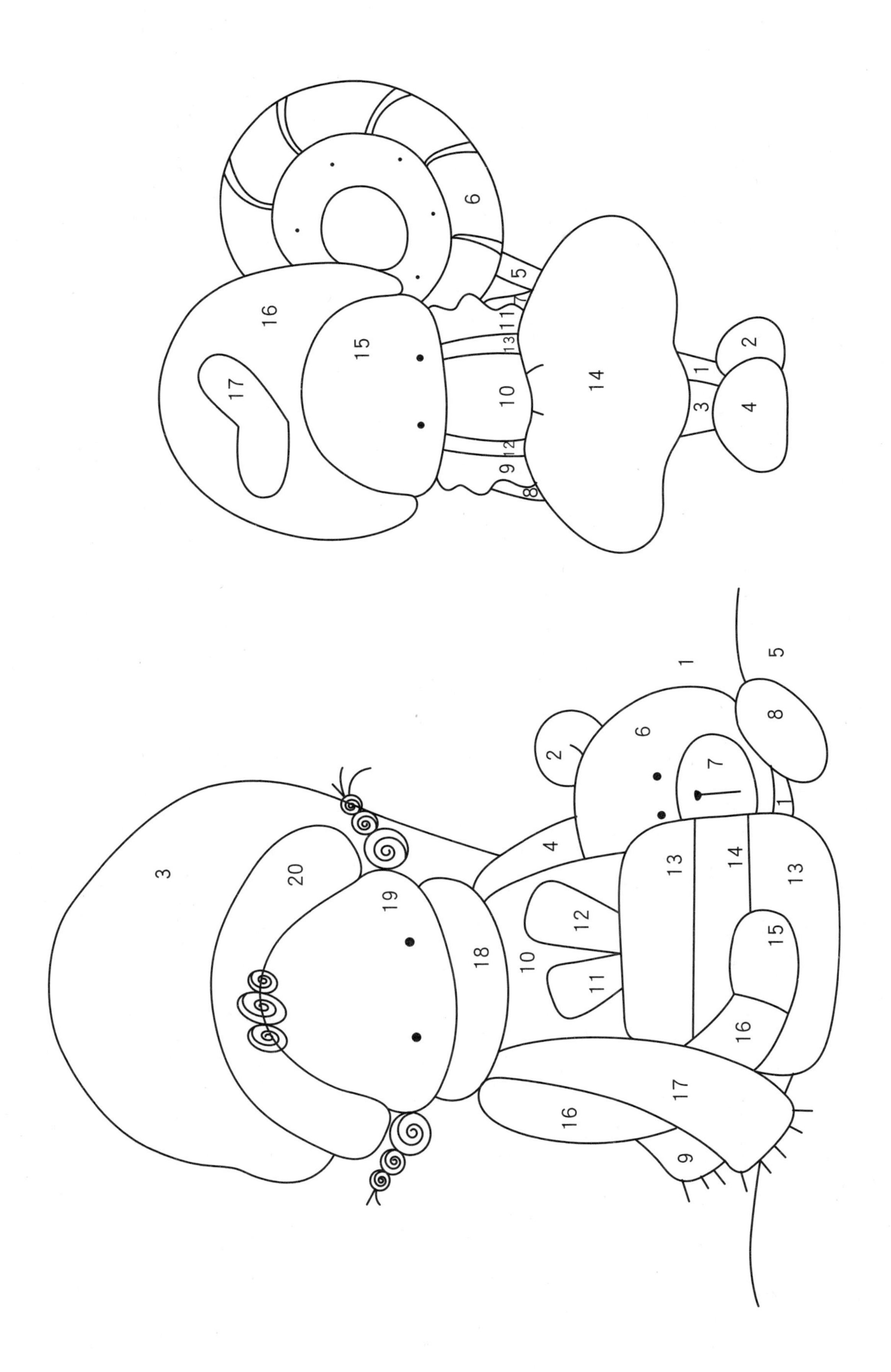

1
7
4
5
8
10
9
11
6
2
3
7
8
10
9
2
1
6
3
5
4
15
14
12
9
10
11
1
2
13
5
6
3
4
7
8